アイティル

ITIL®
はじめの一歩

スッキリわかる

ITILの基本と業務改善のしくみ

日本クイント株式会社
最上千佳子

SE
SHOEISHA

スッキリわかる

ITILの基本と業務改善のしくみ

日本クイント株式会社
最上千佳子

本書に寄せて

Foreword

Innovations in technology often disrupt long-established business models (and sometimes abruptly). Cars disrupted the horse-drawn transport industry in the 1920s. Today's computing technologies are disrupting everything from grocery shopping to the stock market. Yet, through all these ever more frequent cycles of disruption, one thing has stayed the same: customers value outcomes, not the underlying technology. To put it another way, services have always - and will always - continue to be the vehicle by which businesses create value for their customers.

ITIL, the world's most adopted IT Service Management framework, is being updated to ITIL 4 in 2019. Over the last 30 years and three major updates, the guidance has evolved in scope, each time adopting a wider perspective needed to account for changes in technology, ways of working and business context. ITIL 4 is no different, and provides organizations with the guidance to create more dynamic and flexible services and service management capabilities by highlighting often-overlooked aspects of service management - culture, continual improvement, and adaptive management approaches. It also introduces concepts common to all types of services, not just IT services. The guidance has been developed in conjunction with the ITSM community - over 2000 practitioners have actively participated in guiding, commenting, authoring and reviewing the guidance.

I applaud Ms. Chikako Mogami for her desire to explain the concepts of ITIL 4 to a wide audience, in Japan as well as around the world, and I hope that readers of this book come away with a practical and thorough understanding of ITIL 4.

寄稿者略歴

アクシェイ・アナンド（Akshay Anand）

アドバイザリーやコンサルティング、RemedyやServiceNow等のITSMツールの実装など、ITSMの分野における20年以上の経験を持つ。ヨーロッパおよび北米のFortune 500の企業に幅広く協力。近年は、アジャイル・コミュニティとITSMコミュニティ間のコラボレーションやモダン・サービス・エコノミーのためのITSMの開発に注力している。また、世界中のDevOps Enterprise SummitやKnowledgeやitSMF支部など、様々なカンファレンスでITSMのベストプラクティスについて話し、ケーススタディを発表している。 Twitterアカウントは@bloreboy（ITSM、漫画、およびヘビーメタルについてつぶやいている）

序文

技術の革新は、長く確立されてきたビジネスモデルを（時には突然）破壊します。1920年代に、馬車による輸送産業は車により破壊されました。今日のコンピューター・テクノロジーは、食料品の買い物から株式市場まで、あらゆるものを破壊しています。

この混乱のサイクルはますます加速していますが、たった1つのことだけは変わりません。それは、（テクノロジーではなく）「顧客が求める価値」の大切さです。別の言い方をすると、サービスは常に～そしてこれからも～顧客に価値を創造するための手段であり続けます。

世界で最も採用されているITSMのフレームワークであるITILは、2019年にITIL 4に更新されています。過去30年間に3度の主要な更新を通じて、技術や働き方、ビジネスの背景における変化を常に取り入れながら、ITILはその範囲を広げてきました。

ITIL 4も同様に、サービスマネジメントの見過ごされがちな側面（文化、継続的改善、および適応的なマネジメントアプローチ）を強調することによって、組織に対して、より動的で柔軟なサービスおよびサービスマネジメント能力を作るためのガイダンスを提供します。また、ITサービスだけでなく、あらゆる種類のサービスに共通の概念も紹介しています。ちなみにこのガイダンス（ITIL 4）は、ITSMコミュニティと共同で開発されたものです（2000を超える実務者が情報提供、意見、執筆およびレビューに積極的に参加しています）。

本書の執筆者である最上千佳子さんには、ITIL 4のコンセプトを日本だけでなく世界中の幅広い聴衆 に説明していただきたいと願っています。本書の読者が、ITIL 4の実践的で綿密な理解を得ていただければ幸いです。

はじめに

この本の対象者は、一言で言えば、「人生も仕事も、もっと成功させたい人」です。IT関連の業務に就いている人はもちろん、そうでない人も含みます。

本書のテーマである「ITIL」は、IT分野が対象のフレームワーク（枠組み）ですが、その根幹にある考え方は非常に普遍的なものです。

ITILには、「サービス」や「マネジメント」という言葉が頻繁に出てきますが、そこで解説されているのは、簡単に言えば「相手のことを考えて行動すること」「常により良くなるよう努力すること」という、実に当たり前のことばかりです。

当たり前のことではありますが、日々の生活や仕事に追われていると、これらのことをつい忘れてしまいがちです。

また、組織の一員となると、自分だけでは動けない部分が多くなるため、組織としてこれを実現する方法を考えなくてはいけません。

しかし、これがうまくいくと、大きな結果につながります。ITILにはそのための方法がまとめられているのです。

ITILは「IT業界の人のためのもの」と思われがちですが、それは大きな誤りです。

「サービス業」という言葉もあるように、「サービス」は、私達にとって、とても身近なものです。実際、私の会社の近くにある喫茶店のマスターや、私がよく行く美容室の店長は、ITILなど知りませんが、サービスの何たるかについて、いつも語ってくれます。私達は、サービスに囲まれて暮らしていると言っても過言ではありませんし、私達の日々の業務も、業種問わず、広義では「サービスを提供している」と言うことができます。

ITILは、そのサービスをマネジメントするためのノウハウが体系的にまとめられています。つまり、誰にとっても非常に役立つものなのです。

例えば、大学で教鞭をとる私の知り合いに先日ITILの概要を説明したところ、すぐに理解して「この考え方は大学の運営に使えるね。しかもそれがフレームワークとしてまとめられていたとは…」と、大変感動していました。

また、日本の農業の活性化を推進しているある政府関係者にお会いし、ITILの紹介をさせていただいたときも、「この考え方はこれからの農業に必要だと思う」と言って、翌週にはITILの解説本を購入し、勉強を開始されていました。

あるいは、製造業の多くの企業においても、「これからのIoTでつながる時代には、ITILの考え方は必須だ」という声が高まっています。

このように、様々な分野で、ITILの「真の価値」が理解され始めていると言えます。

本書は、初めてITILを勉強する人でも理解しやすいよう、ケーススタディを用いて、ITILの基本をなるべくわかりやすく解説しました。本書を通して、一人でも多くの方にITILの本質が伝わり、またみなさまの生活や仕事が、これまで以上に楽しくやりがいのあるものになれば、これに優る喜びはありません。

日本クイント株式会社
最上千佳子

Contents | 目次

Introduction
ITILって何だろう?

Chapter 02 Case Study 2

旅館にITILを導入したらどうなる?

Chapter 03 Case Study 3

喫茶店にITILを導入したらどうなる?

Chapter 06
ITILなんでもQ&A

読者特典のご案内

本書の読者特典として、著者が活用しているセミナー資料「ITILのいろは」をご提供いたします。詳細は以下のWebサイトをご覧ください。

URL https://www.shoeisha.co.jp/book/present/9784798158884

- 会員特典データのダウンロードには、SHOEISHA iD（翔泳社が運営する無料の会員制度）への会員登録が必要です。
- 会員特典データに関する権利は著者および株式会社翔泳社が所有しています。許可なく配布したり、Webサイトに転載することはできません。
- 会員特典データの提供は予告なく終了することがあります。あらかじめご了承ください。

本書内容に関するお問い合わせについて

このたびは翔泳社の書籍をお買い上げいただき、誠にありがとうございます。弊社では、読者の皆様からのお問い合わせに適切に対応させていただくため、以下のガイドラインへのご協力をお願い致しております。下記項目をお読みいただき、手順に従ってお問い合わせください。

●ご質問される前に

弊社Webサイトの「正誤表」をご参照ください。これまでに判明した正誤や追加情報を掲載しています。

正誤表　https://www.shoeisha.co.jp/book/errata/

●ご質問方法

弊社Webサイトの「刊行物Q&A」をご利用ください。

刊行物Q&A　https://www.shoeisha.co.jp/book/qa/

インターネットをご利用でない場合は、FAXまたは郵便にて、下記“翔泳社 愛読者サービスセンター”までお問い合わせください。
電話でのご質問は、お受けしておりません。

●回答について

回答は、ご質問いただいた手段によってご返事申し上げます。ご質問の内容によっては、回答に数日ないしはそれ以上の期間を要する場合があります。

●ご質問に際してのご注意

本書の対象を越えるもの、記述個所を特定されないもの、また読者固有の環境に起因するご質問等にはお答えできませんので、予めご了承ください。

●郵便物送付先およびFAX番号

送付先住所　〒160-0006　東京都新宿区舟町5
FAX番号　03-5362-3818
宛先　（株）翔泳社 愛読者サービスセンター

※本書に記載されたURL等は予告なく変更される場合があります。
※本書の出版にあたっては正確な記述につとめましたが、著者や出版社などのいずれも、本書の内容に対してなんらかの保証をするものではなく、内容やサンプルに基づくいかなる運用結果に関してもいっさいの責任を負いません。
※本書に掲載されているサンプルプログラムやスクリプト、および実行結果を記した画面イメージなどは、特定の設定に基づいた環境にて再現される一例です。

Introduction

ITILって何だろう？

ITIL 「ITIL」って何?

ITILとは、「ITサービスマネジメントのベストプラクティスをフレームワークとしてまとめた書籍群」のことです。…なんて紹介されることが多いのですが、大変わかりにくいですよね。

非常にざっくり言えば、ITILは「IT(情報技術)を本当の意味でビジネスに活かすための世界中のノウハウをまとめたもの」です。

何らかの高い技術を持っていても、投資対効果を考えていなければ赤字になってしまい、ビジネスとして成り立ちません。また、利用者のことを考えずに作ったものは使えないし、売れません。すぐに顧客離れを起こしますし、購入したり契約したりしてしまったお客様からはクレームの嵐となります。

このようなことを防ぐためには、「お客様目線」や「ビジネス的な観点」が必要です。特に昨今は、技術者であってもこれらの観点を求められる時代となりました。

そこで、具体的にどのような観点を持つ必要があり、何をすればよいのかを世界中の成功事例を元に共通項が抽出され、まとめられたのがITILなのです(図1)。

ITILを活用することで、次のような成果が得られます。

❶顧客満足度の向上とリピート客の増加
❷売上向上と利益拡大
❸組織力の強化
❹マネージャの育成

このような理由から、ITILは世界中の技術者から大きな注目と人気を集めています。では、ここからは、上に挙げた4つの成果について見ていくことにしましょう。

ITILがない場合

技術者は技術力の向上を追求し、
「プロダクトアウト」になりがち!

ITILがある場合

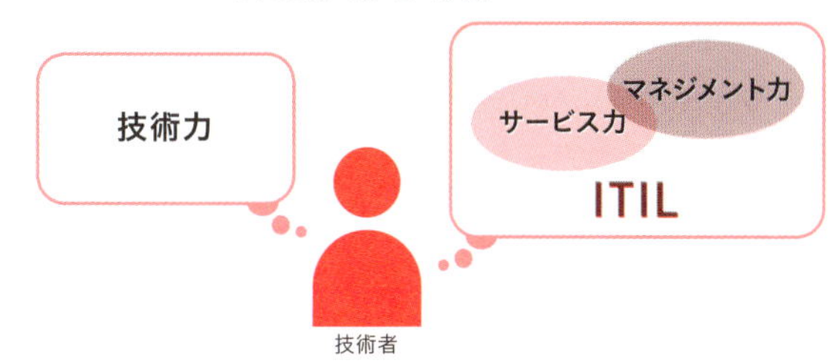

ITILを学ぶと技術力に加え、「サービス力
（顧客志向）」と「マネジメント力」がプラスされる!

技術者が「サービス」を理解し、
マネジメントができるようになる

＝

鬼に金棒!

図1 ITILがない場合 VS ITILがある場合

【ITILで得られるもの①】

顧客満足度の向上とリピート客の増加

ITILが重視しているのは「お客様に価値を提供し続けること」であり、それがITILを貫く基本姿勢となっています。「お客様に価値を提供し続ける」と言葉で表現するのは簡単で、当たり前のことのように思えるのですが、実施するのは結構難しかったりします。

例えば、あなたが普段仕事をしているとき、きちんと「お客様目線」で考え、行動できているでしょうか？

誰もが、自社が提供している製品やサービスは、「お客様にとって価値があるもの」と思っているはずです。プライドを持って、お客様のためを考え、より良いものを提供していると考えていることでしょう。

しかし、本当にそれがお客様にとって価値があるかどうかは、実は「お客様本人」にしかわからないのです。ですから、常にお客様に対して「これって喜んでもらえていますか？他にして欲しいことはありませんか？」と問い続けなければなりませんし、お客様本人すら自覚していない「無意識の期待」にも、アンテナを張り続けていなければなりません。…と考えると、胸を張って「自分はできている！」と言える人は案外少ないのではないでしょうか。

また、ITILのもう一つ重要なポイントは、「価値を提供“し続ける”こと」です。状況や価値観の変化により、お客様にとっての「価値があるもの」もどんどん変化していきます。したがって、その「変化していく価値」を敏感に感じ取り、柔軟に対応“し続ける”ことが求められます。それが顧客満足度を上げ、リピート顧客を増やすことにつながるからです。そのためには、「お客様が今求めている価値」を提供するだけでなく、「何がお客様にとっての価値なのか」を察知し、受け取れる仕組みを作っておかなければなりません。その際に必要となるのが「サービス」という考え方であり、サービスのマネジメント（管理）の成功事例をまとめたのがITILなのです（図2）。

ITILがない場合

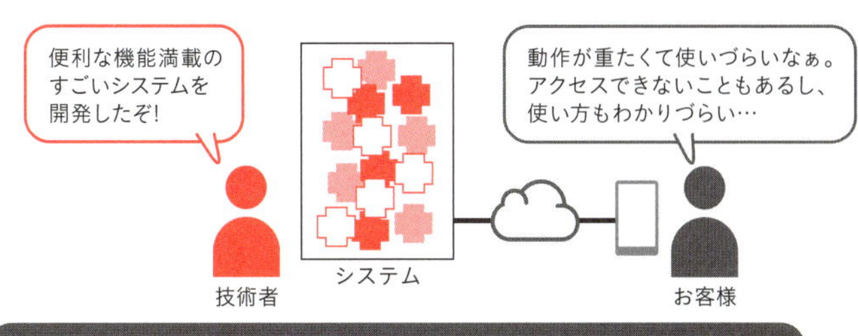

開発の現場では、
「よいシステムを作ること」に目がいきがち!

ITILがある場合

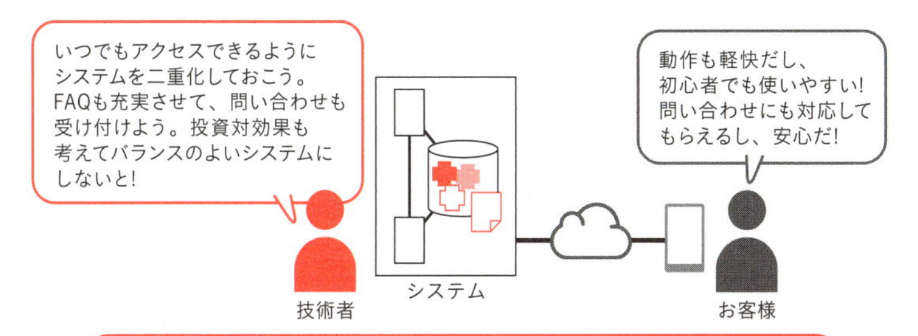

ITILでは、利用者が「使い続けること」を
念頭に置いて考える!

ITは、使いこなされて、ビジネスや生活に役立って
初めて意味がある!

||

「サービス」という考え方

図2　「サービス」という考え方

【ITILで得られるもの②】
売上向上と利益拡大

ITILでは、現場の運用レベルのマネジメントだけではなく、戦略や戦術レベルのマネジメントについてもまとめられています。つまりITILは、単純にお客様にとって価値があるものを提供するだけではなく、将来を見据えて、「お客様側」と「サービスを提供する側」の両方がWIN-WINで、「どちらも成功していくためにどうすればよいか」について考えることを追求しています。

例えば、一人一人のお客様の期待に応えることには限度があります。したがって、お客様全体をマス（集団）で捉え、どのような需要があるのかを把握して管理することで、全体最適を図らなくてはなりません。

また「サービス」というのは、お客様にとっても、提供側にとっても、投資対効果のあるものでなければ意味がありません。

投資は「コストや費用」と言い換えることができますが、サービスを開発するための「初期費用」だけでなく、その後数年にわたって発生するであろう「運用費用」も含まれます。

さらに、初期費用や運用費用のようなわかりやすいものだけでなく、「目に見えないコスト」が発生することも多々あります。例えば、何らかの新たなサービスをお客様に提供したとして、そのお客様が新しい使い方に慣れなくてはいけない場合、慣れるまでにかかる時間や労力も「コスト」に当たります。

何をもって「効果」とするかも、広い目線が必要です。例えば、新しいサービスによりお客様の作業効率が高まった場合、労働時間の短縮は「効果」と表現できるでしょう。また、「お客様のビジネス成果に結びついた部分」「関係者が何か成長できた部分」も成果と言えます。

このように、高く広く長い目線で、お客様とサービス提供側双方の売上向上と利益拡大を追求しているのがITILなのです（図3）。

ITILがない場合

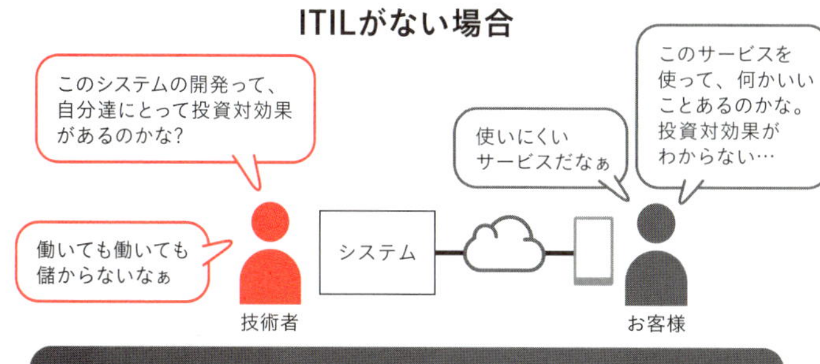

新たなサービスを開発・導入したが、誰にとっても価値がない!

ITILがある場合

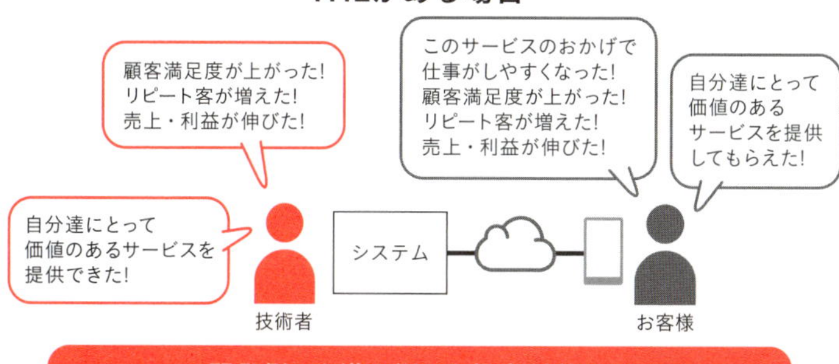

開発側にも導入側にも投資対効果があるサービスを実現できる!

提供「する側」にも「される側」にも
投資対効果のあるサービスでなければ続かない

||

ITILでは双方の投資対効果を考えたサービスを実現し、両者の売上向上・利益拡大に貢献する

図3 ITILは技術者・お客様双方のメリットを目指す

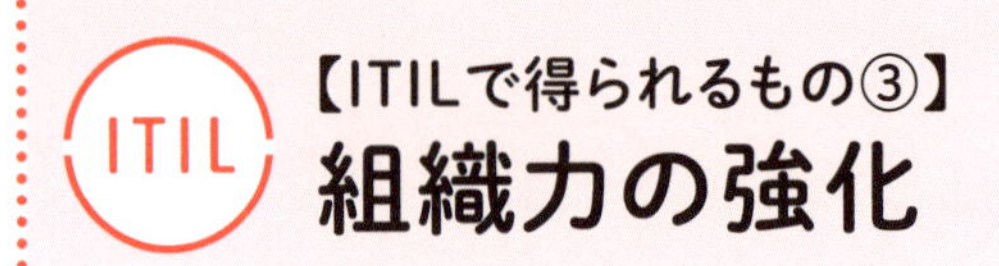

【ITILで得られるもの③】組織力の強化

ITILでは、サービスを提供する「組織」、お客様の「組織」、ひいてはそれら全体（サービスを提供する側、お客様側の双方）に価値を提供し続けるための仕組みがまとめられています。したがって、ITILを学び、取り入れることにより、組織として成長することが可能です。これを「組織の成熟度が向上する」と表現します。

サービスを提供する側の組織を構成するメンバー一人一人が一生懸命お客様のことを思って価値を届けようと頑張っていても、一匹狼の活動で他のメンバーとの連携が取れていない場合、それは組織全体としては大きな効果を生み出しません。

例えば、あるメンバーが病気や怪我などで一時的に仕事ができない状態になってしまった場合、連携が取れていないと、お客様に同じ価値を届けることができなくなってしまうからです。

お客様から見れば、「え？いつもと同じ対応をしてもらえないの?」「サービスの品質が落ちてるよ」となり、むしろ期待を裏切られて、不満が高まってしまいます。

このような組織は、「属人的」な組織だと言われます。つまり、組織のパフォーマンスがその組織に所属するメンバー一人一人のパフォーマンスに依存している状況です。

ITILでは、組織のメンバー各自が経験したことや、得た知識を組織内で共有し、誰が対応しても同じサービスを提供できるような組織の仕組み作りを提言し、組織の成熟度を向上させることを目指しています（図4）。

それにより、より良い価値を、より早くお客様に提供することが可能になるからです。

そしてそれが、サービスを提供する側、される側双方の組織力強化につながるのです。

ITILがない場合

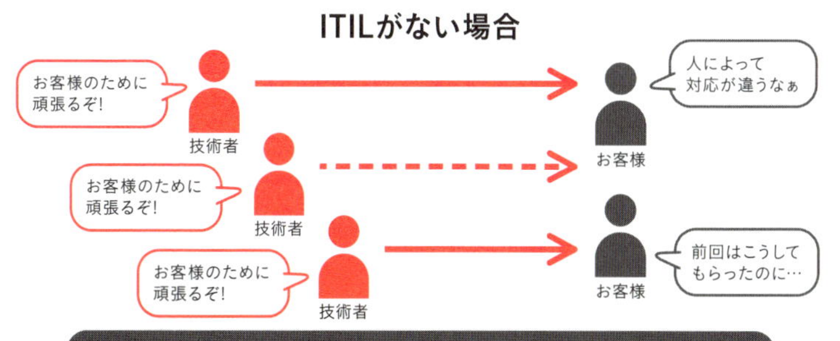

メンバーは頑張っているが、属人的で組織の成熟度が低く、安定的なサービスを提供し続けることができない!

ITILがある場合

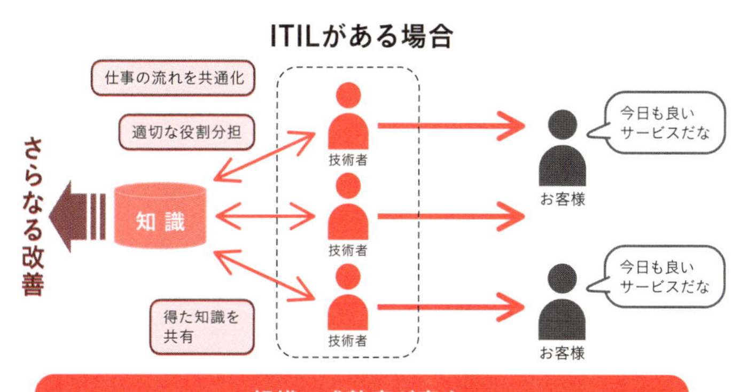

組織の成熟度が高く、
安定的なサービスを提供し続けることができる!

より多くのお客様に、より良く、より安定的なサービスを提供し続けるには、組織の成熟度を上げることが大切!

ITILでは組織の成熟度を上げていくことを目指す!

図4 組織の成熟度を上げる

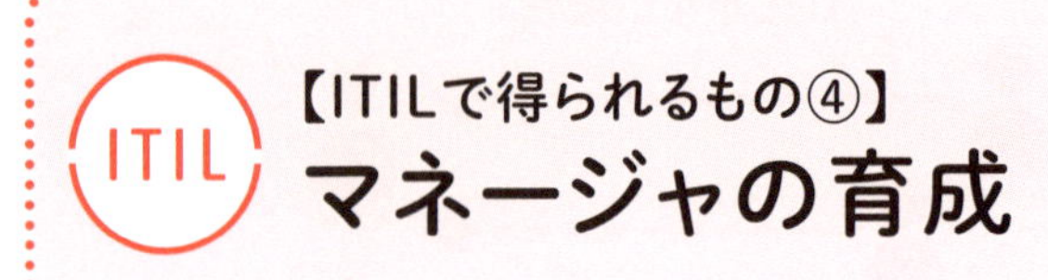

【ITILで得られるもの④】マネージャの育成

ITILは、ITSM（ITサービスマネジメント）についてまとめたものです。「マネジメント」とあるように、「どのように管理するか」ということについてまとめられています。

例えば、お客様からの問い合わせやクレームを取り扱う「顧客対応」の部署があったとします。個々の問い合わせやクレームについて、適切に対応するのは、部署のメンバー一人一人の責任で行わなくてはなりません。

では、この部署の「マネージャ」はどうでしょうか。マネージャは個別の問い合わせへの対応というより、全体を見て、より良い対応方法や対応の仕組みを考え、部署に実装することが求められます。

具体的には、よくある問い合わせの傾向（お客様の種類や電話を受ける時間帯、問い合わせの多い商品など）を分析し、問い合わせ対応が効率的にできるようにFAQ（質疑応答の一覧）を作成する、などの措置が挙げられるでしょう。

このように、個々の担当者とマネージャは、同じ業務でも目線が異なります。

全体を俯瞰し、組織全体としてより良くなるように考えるというのがマネージャの目線であり、この目線を身に付けさせることが、次代を担う管理職候補や経営者候補を育てる第一歩ともなります。

ITILは、冒頭でも紹介した通り、「マネジメント」についてのノウハウがまとめられており、「組織全体をよくするには?」というマネージャとしての視点が求められています。つまり、組織にITILを実装することで、個々の技術者に「マネージャ目線」を身に付けさせることができるというわけです（図5）。

したがって、ITILを学ぶことは単にITを活用するだけではなく、組織と人材の育成にも役立つのです。

ITILがない場合

個々の技術者が「担当者目線」から抜け出せない!

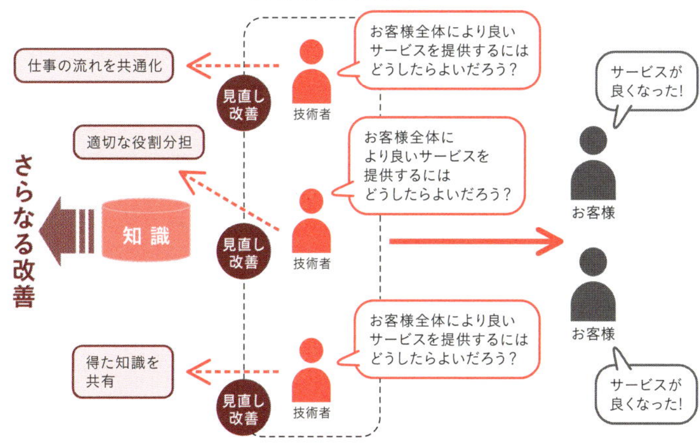

個々の技術者に「マネージャ目線」が身に付く!

ITILでは「組織全体を良くするには」
という視点が求められる

||

ITILを実践することで
「マネージャ目線」を育むことができる!

図5 担当者目線からマネージャ目線へ

ITILは「IT以外」にも使える!

ITILは、その名前からもわかるように、もともとはIT（情報技術）のためにまとめられたものです。IT企業やIT部門のための参考書とも言われており、従来はITILについて学ぶのは、ITに関わる人がほとんどでした。しかし、実はITILの内容は、ITの分野以外にも使える非常に汎用的なものです。なぜなら、ITILの根幹にあるのが「サービス」という考え方だからです。ホテルや喫茶店、遊園地などの仕事を「サービス業」と言いますが、この場合の「サービス」と同じ意味です。つまり、お客様に「楽しい」「また来たい」「また使いたい」「これだけ支払う価値がある」と喜んでリピートしてもらえるようなユーザー経験を提供し続けることを目指しているのです。

したがって、ITILにはIT業だけでなく、サービス業を含むあらゆる業務に適用できる内容がたくさん含まれています。

例えば、あなたが忙しいランチタイムにお蕎麦屋さんで蕎麦を注文したとします。そのとき、店主に「うちの蕎麦は打ち立て、茹で立てにこだわっているから、1時間待っててください」と言われたらどうでしょう。あるいは、「素材にこだわって作っているから、1杯1万円です」と言われたら？誰もそんなお蕎麦屋さんで食事をしようとは思いませんよね（図6）。でもこれって、「良いシステムを作ることにこだわるあまりに、お客様目線やビジネスの視点を忘れてしまう」という、開発の現場でありがちな失敗例と同じです。

「人間は社会的生き物である」という言葉からすれば、私達は必ず誰かと関わって生きているわけであり、仕事でも生活でも、「相手のことを思って」考え、行動しています。このように考えると、あらゆるビジネスも生活も「サービス」だと言えるわけで、その「サービス」を「マネジメント」する手法がまとめられているITILの内容は、IT以外のあらゆる業種で参考になるわけです。

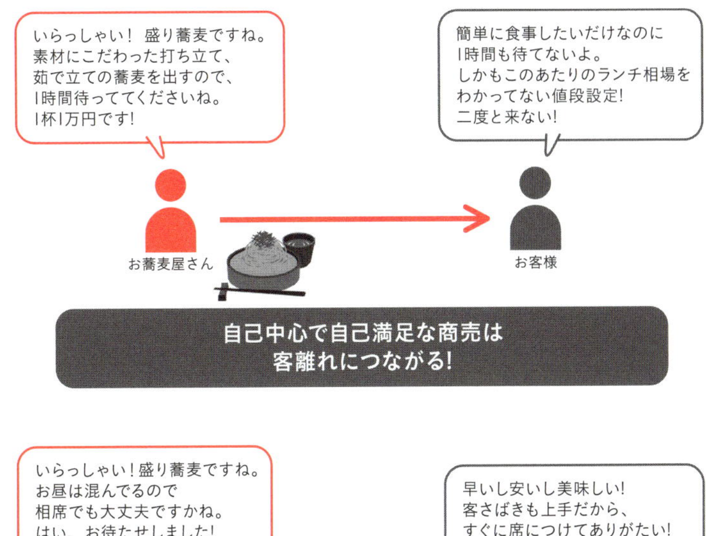

顧客にとっての価値を理解し、実現するためにうまく管理（マネジメント）しなければならない

ITILは顧客にとって最適なサービスを理解し、管理するためのもの

||

「サービスマネジメント」の手法なので、どの業種にも活用できる！

図6 ITILはIT以外にも役立つ！

コラム ITILの歴史

ITILは、1980年代後半にイギリス政府主導でまとめられた書籍です。「鉄の女」と言われたマーガレット・サッチャー首相の時代です。
サッチャー首相は、当時経済的に低迷していたイギリスを立て直そうと、政治と経済の両面で改革のメスを入れました。
その改革の一つとして、イギリス政府のIT部門（中央電算電気通信局：CCTA）の手により、ITSM（ITサービスマネジメント）についての見直しが行われました。その内容をまとめ、1989年に公表されたのがITILです。ITILはイギリス国内に留まらず、世界中で活用され、今やITサービスの世界的スタンダードとなっています。
1989年当時の「初版」から「ITIL V2」「ITIL V3」「ITIL 2011 edition」と、その時々の最新事例を吸収しながら改版を重ね、2019年には「ITIL 4」がリリースされました。
30年以上にわたり、改版を繰り返しながら世界中で読まれ、参照されてきたという事実こそが、ITILの価値を証明していると言えます。
さらに、ITILを元にISO規格もまとめられています。ISOとは、「International Organization for Standardization（国際標準化機構)」のことであり、ISO規格とは、その機構がまとめた世界共通の取り決めです。ITILを元に作成されたISO規格は「ISO/IEC 20000」で、ITSMの国際規格となっています。つまり、世界のITSMのルールの大本がITILだと言っても過言ではないわけです。

なお、ITILはISO規格の内容を参考にさらに改版する、というように、相互参照して改版され続けています。

Chapter

01

Case Study 1

八百屋にITILを導入したらどうなる？

～スムージー、始めました～

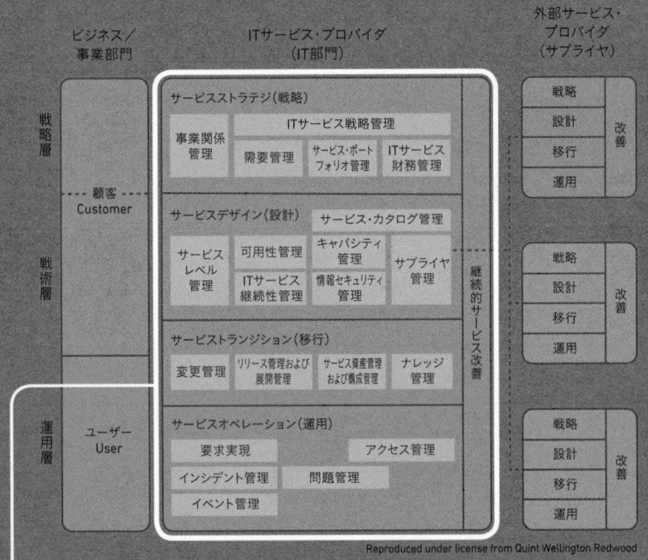

「リンゴをもう一山サービスだ！」で客離れ…なぜ？

商店街にある「やおはち」は、元気な八兵衛さんが経営する八百屋です。

八兵衛　「へい、らっしゃい！朝採れレタスが入ったよ！」
「このトウモロコシは生でも食べられるよ～！」
「毎度あり！」
今日も元気に商売繁盛です。

さて、この商店街は毎週日曜日が休みとなるため、「やおはち」では土曜日の夕方から半額セールを始めるのが常となっています。今日も夕方6時から半額セールを開始しました。
そこへ、20代後半の会社帰りらしい女性がやってきました。見かけない顔なので、最近この近所に引っ越してきたのかもしれません。

八兵衛　「お姉さん、リンゴ美味しいのあるよ！半額だよ！」
女性客　「え…、ええ」
八兵衛　「これなんかちょうど食べ時だ。ほら、どうだい？」
女性客　「そ、そうですね。じゃあ、この一山4個入りのをお願いします」
八兵衛　「毎度あり！**あ、せっかくだからもう一山サービスしとくよ！**」
女性客　「え！？8個もいらな…」
八兵衛　「大丈夫大丈夫！これくらい食べられるって！」

女性客　「あ…、はぁ…。ありがとう…ございます…」

その女性は片方の手にビジネスバッグ、もう片方の手にリンゴが8個も入ったビニール袋を提げて、**とても重そうな足取りで帰っていきました…。**

～後日～

八兵衛　「おっかしいなぁ…」
八兵衛さんは頭を抱えています。

美乃梨　「お父さんどうしたの？」
会社から帰ってきた娘の美乃梨（みのり）さんは、難しい顔をしている八兵衛さんに声をかけました。

八兵衛　「土曜日にリンゴをおまけしてあげた女の子なんだがな、今日も店の前を通ったから『いらっしゃい！』って声をかけたんだよ。そしたら、コソコソと逃げていきやがったんだ」
美乃梨　「はあ！？お父さん何したの！？」
美乃梨さんはイヤ～な予感がしました。

美乃梨　「まあた押し売りしたんじゃないでしょうね！」
八兵衛　「押し売りなんてしてねぇよ。『リンゴを一山欲しい』っていうから、せっかくだしもう一山、タダでつけてやったんだよ、タダで」
美乃梨　**「…そーれーを、押し売りっていうの―――!!!」**
八兵衛　「？？？」

八兵衛さんはチンプンカンプンです。
善かれと思ってしてあげた「サービス」を「押し売り」と呼ばれ、全く納得がいきません。しかし、「商売／ビジネス」という観点で見ると、重要なリピート客（の卵）を一人失ってしまい、大損失と言えます。
いったい何が悪かったのでしょうか。

ITIL「サービス」とは?

関連ページ …… P.046、P.050、P.154

「サービス」という言葉は一般的に「無料で何かすること」「お得なことをしてあげること」と解釈されていることが多いのですが、ITILでは次のように定義しています。

> サービスとは「顧客が特定のコストやリスクを負わずに達成することを望む成果を促進することによって、顧客に価値を提供する手段」（出典「ITIL用語および頭字語集」）

つまり、提供する側の独りよがりで「無料だから嬉しいだろう」「お得なのだから喜ぶべきだ」と押し付けるのではなく、お客様にとって本当に価値があることを提供するべきで、それをサービスと呼ぶ、ということになります（図1）。今回の八兵衛さんは「サービス」を提供したと言えるでしょうか？

▶リンゴを買わされた女性は何を思う？

おそらく、リンゴを購入した女性客は次のような嫌な記憶しか残っていないでしょう。

「余っているリンゴを無理矢理押し付けられた」

「今度捕まったら、また余り物を押し付けられる」

この女性客にとって、「やおはち」での経験は、価値があるどころか「悪い思い出」として脳裏に刻まれてしまったことでしょう。

本来ビジネスとは、「価値のあるものを提供し、対価をいただく」ことで成り立つWIN-WINの経済活動です。

つまり「サービス」という言葉は、「お客様目線を忘れてはいけない」ということを再確認するために作られた言葉と言ってもよいでしょう。

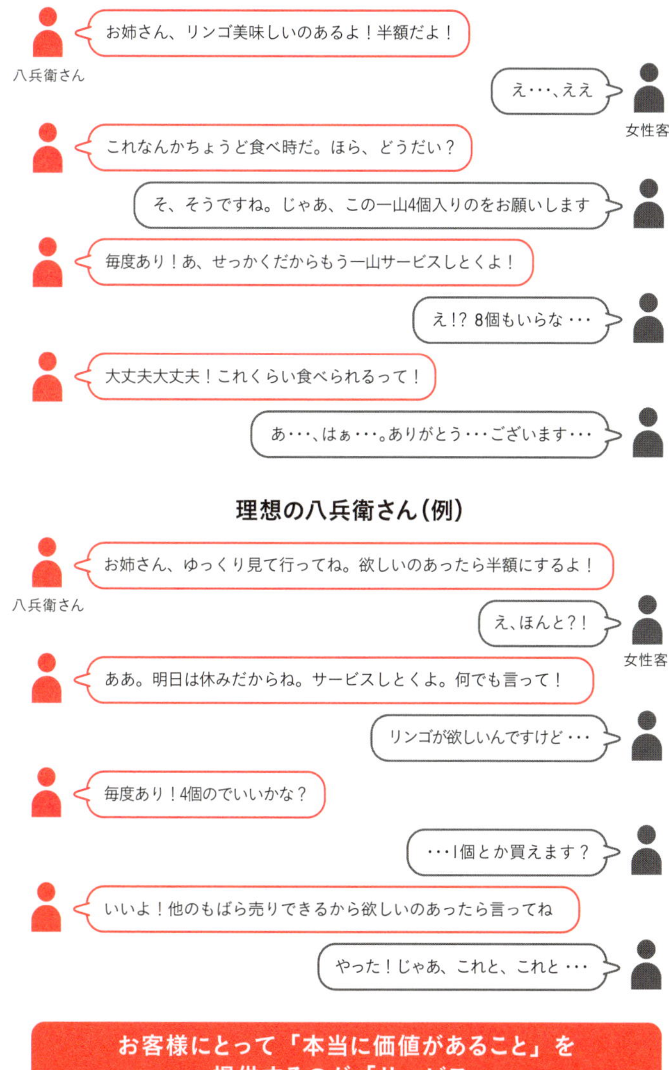
今回の八兵衛さん
お姉さん、リンゴ美味しいのあるよ！半額だよ！
八兵衛さん
え･･･、ええ
女性客
これなんかちょうど食べ時だ。ほら、どうだい？
そ、そうですね。じゃあ、この一山4個入りのをお願いします
毎度あり！あ、せっかくだからもう一山サービスしとくよ！
え！？ 8個もいらな･･･
大丈夫大丈夫！これくらい食べられるって！
あ･･･、はぁ･･･。ありがとう･･･ございます･･･
理想の八兵衛さん（例）
お姉さん、ゆっくり見て行ってね。欲しいのあったら半額にするよ！
八兵衛さん
え、ほんと？！
女性客
ああ。明日は休みだからね。サービスしとくよ。何でも言って！
リンゴが欲しいんですけど･･･
毎度あり！4個のでいいかな？
･･･1個とか買えます？
いいよ！他のもばら売りできるから欲しいのあったら言ってね
やった！じゃあ、これと、これと･･･
お客様にとって「本当に価値があること」を
提供するのが「サービス」

図1 サービスとは？

娘の一言で経営の「断捨離」開始！

美乃梨　「お父さん、どうして半額で売っているリンゴに、さらにタダでもう一山つけてあげちゃうわけ！？」

美乃梨さんはカンカンです。

八兵衛　「そりゃあ、**売れ残っているからだよ**」

八兵衛さんの返事には反省のかけらもありません。

はぁ…。美乃梨さんは、今日何度目かの溜息をつきました。

美乃梨　「お父さん、いくらでも仕入れれば売れるってもんじゃないのよ」

八兵衛　「そんなこたぁわかってらい！」

美乃梨　「でも売り切ってないじゃないの！」

八兵衛　「だから半額にしてんじゃねぇか！」

美乃梨　「な…」

美乃梨さんは絶句しました。

美乃梨　「お父さん…、**まさか在庫がなくなればいいんだとか思っていない…よね？**」

八兵衛　「はあ？」

美乃梨　「売上だけじゃなくて利益も出ないと、うちはどんどん赤字がかさむだけだってわかってる？」

八兵衛　「当たり前だろう！」

美乃梨　**「じゃあ、今週の売上と利益は？仕入れと在庫は？」**

八兵衛　「…えっとだな。それは帳簿を調べれば…」
美乃梨　「曜日ごとの売れ行きとか、一緒に買ってもらえる組み合わせとか、年齢による購買層とかは？」
八兵衛　「そ、それは…」
…八兵衛さんが、分析なんかしているわけがありません。

美乃梨　「そもそも、分析の前にデータを取れていないわよね。分析するためにはまずはデータを取るしかないわね」
八兵衛　「？？？」
美乃梨　「…仕方ない。手伝ってあげるか」
こうして、美乃梨さんの「やおはち改革」が始まりました。

それから約１か月、美乃梨さんは平日帰宅後と休みの日は店頭に立ち、八百屋を手伝いました。単に手伝うだけではなく、あらゆる情報を収集します。美乃梨さんが出勤中で店頭に立てない時間帯は、八兵衛さんが美乃梨さんに言われた通り、せっせとデータを取りました。

～１か月後～

美乃梨　「ああ、やっぱり！」
データを分析した美乃梨は、予想通りとはいえ、残念な事実を目の当たりにして叫びました。

美乃梨　「やっぱり、どう考えても仕入れが多すぎるわよ！在庫と廃棄が多すぎ‼ ほら、このデータを見て!」
美乃梨さんは、パソコンで集計したデータを八兵衛さんに突きつけました。

八兵衛　「うわ、本当だ。数字で見ると確かに言い訳できねぇな…」
美乃梨　「感心している場合じゃないでしょ！まずは仕入れを減らす！正常化しましょう！」
八兵衛　「…へい」

ITIL 「見える化」がマネジメントの基本

関連ページ …… P.160

▶まずは「現状」を把握する

体重管理、健康管理、預貯金の管理…そして在庫の管理。あらゆる「管理」＝「マネジメント（Management）」の基本となるのが「見える化」です。

何を管理するにも、その対象が現在どのような状況なのかを把握できていなければ、マネジメントしようがありません。

▶美乃梨さんの質問の意味

「今週の売上と利益は？仕入れと在庫は？」…ストーリーに出てきた美乃梨さんのこの質問は、まさしく「自分の商売（ビジネス）について最低限の見える化はできているか？」という問いかけです **（図2）**。例えば、「売上は高いが利益が出ていない」のと、「そもそも売上が低い」のとでは、目指す方向も対策も異なってきます。つまり、見える化することで判明した「事実」次第で、取るべき対策も変わってくるわけです。

▶現在の状況を「数字」で表そう

美乃梨さんがやおはちのデータを収集・分析してわかったことは「在庫が多く、廃棄も多い」という事実でした。

つまり八兵衛さんは、まずはムダな廃棄を減らすために在庫を減らし、そのためには仕入れもある程度減らした方がよいということです。正常化してきたら、今度は販売量を増やす施策を考え、その後、仕入れを増やしていく段階に入るべきでしょう。

このように、現在の状況を事実に基づき、なるべく「数字」で表すようにすると、物事を客観的かつ公平に見ることができるようになります **（図3）**。

状況が把握できていないと
対処しようがない

→　マネジメントしようがない！

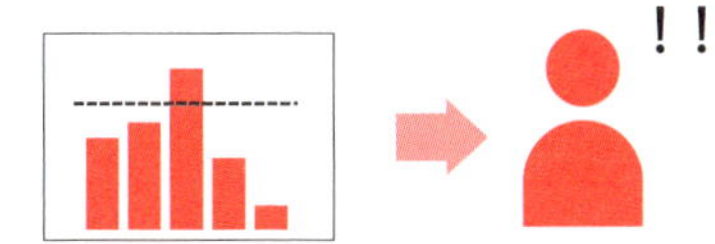

状況が把握できていると
対策が打てる。アイデアが出る

→　マネジメントできる!

「見える化」はマネジメントの基本！

図2　マネジメントの第一歩は「見える化」

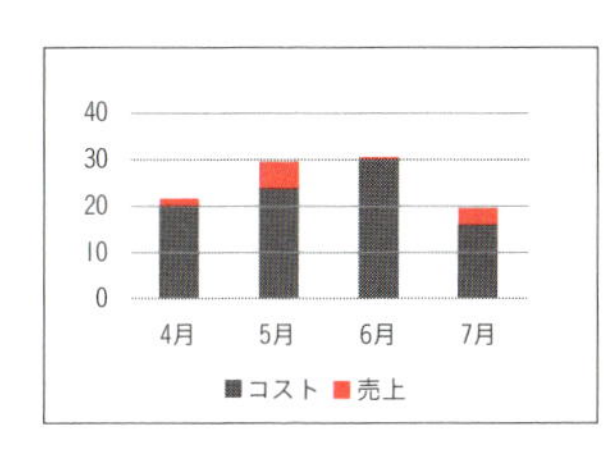

売上は高いが利益が出ていない

→「利益を出すための対策」が必要

（例）コスト削減、仕入れを減らすなど

40
30
20
10
0
4月
5月
6月
7月
■コスト ■売上

そもそも売上が低い

→「売上を増やすための対策」が必要

（例）売価見直し、マーケティング強化など

「事実」次第で対策は変わる！

図3　「事実」によって必要な対策は変わる

なぜ!?いつも通り仕入れていたのに大赤字！

八兵衛　「あれ!?ちゃんと見える化したのに赤字だ」

ある日のこと。八兵衛さんは帳簿を見てショックを受けました。最近の正常化した仕入れ量で今週も仕入れたにもかかわらず、明らかに今週は売れ行きが悪いのです。

先月以降、娘の美乃梨さんに手伝ってもらいつつ、あらゆるデータを取ってビジネスの現状の「見える化」を進めてきました。そうして見えてきた「経営のムダ」を、一つ一つ潰してきたのです。

売れ残りも在庫も減り、仕入れた分だけ販売できる健全な経営へと、少しずつ立て直してきました。おかげでこれまで積みあがってきていた赤字も減り、黒字へと転換しつつあったのに…。

このままでは、以前と変わらず、土曜日に一掃処分セールをしなくてはなりません。また赤字に逆戻りです。

八兵衛　「仕入れを減らしたのに赤字だなんて。これ以上仕入れを減らすとなると、商売あがったりじゃねぇか…！」

自暴自棄になっている八兵衛さんの姿を見て、隣に座っていた美乃梨さんは溜息をつきました。

美乃梨　「お父さん、そりゃそうでしょ。売れる日もあれば売れない日もあるわけで、そこをうまくやりくりするのがマネジメントなのよ。逆に言えば、**今の段階って、やりくりするために見える化しただけなのよ**」

美乃梨さんは力説しますが、八兵衛さんはあまりピンと来ていないようです。

八兵衛　「そうは言ってもよぉ、見える化した後に仕入れを減らしたりして、やりくりはしたじゃねぇか」
美乃梨　「他にも工夫できることはいくらでもあるでしょ。ほら、なんで今週は売れないのか、思い当たることはないの？」
八兵衛　「うーーーーん。**今週は天気が悪いからかなぁ**」
美乃梨　「天気が悪いと本当に来店者数は少ないの？」
八兵衛　「『本当に』って聞かれると弱いなぁ。**何となくの感覚だからなぁ…**」
美乃梨　「じゃあ、**明日からは天気や気温と来店者数も記録をつけましょう。**他には何かある？」
八兵衛　「あーあと、近所のスーパーで『野菜と果物の大特価セール』っつうのをやっているからかもなぁ。そこのスーパーの袋を持っているお客さんが今週は多いからなぁ」
美乃梨　「え？そのセールの値段っていくらなの？」
八兵衛　「さあ、よその店のことなんか知らねえよ。あ、そういえばこないだチラシが入ってたかなぁ。どれどれ、確か戸棚の中に…ああ、あったあった。これだよ」
美乃梨　「…何この値段!!! **うちの売値の半額近いじゃない！なんでチェックしないのよ！**」
八兵衛　「よその店はよその店だろうが。うちには関係ねーよ」
美乃梨　「**関係あるわよ！**これじゃあ売れないわけだわ。まったく。対策を考えるわよ！」
八兵衛　「…へい」

ITIL 「いつもと同じ」じゃないからこそ、「マネジメント」が大切！

関連ページ …… P.219

「見える化」して現状の課題を洗い出し、それを改善することはもちろん大切です。しかし、「いったん改善して終わり」では、マネジメントとは言えません。環境や状況は刻一刻と変化していきます。その変化に対応して同じ結果（パフォーマンス）が出るようにやりくりし、さらには、より良く改善し続けることこそ、真のマネジメントです。

マネジメント手法の一つに、「デミングサイクル」と呼ばれるものがあります。「Plan（計画）」「Do（実施）」「Check（点検）」「Act（処置）」という4つのステップの頭文字を合わせて、「PDCA」とも呼ばれます。

①Plan… 目的や目標に向けて何をすべきか計画を立てる
②Do… Planで立てた計画を実施する
③Check… 計画を実施できたか、実施結果は目標を達成できたかを点検する
④Act… 目標を達成するよう是正処置（軌道修正）を行う

このPDCAのサイクルを回すことによって、目標と現状や過程を見える化でき、着実に目標を達成できるよう「コントロール（制御）」することを目指すのがデミングサイクルです（図4）。

▶ PDCAのダブルループ

ただし、常に同じ目標を設定し、同じ計画通りになるようにコントロールしているだけでは、マネジメントとしては不十分です。「目標を達成したら、さらなる目標を設定する」「環境が変化したら、目標（とそれを達成する計画）を変更する」「もっとうまくPDCAを回せないかを検討する」という考え方が必要です。

この考え方を実践する手法に、PDCAの中に二重にPDCAを埋め込む

「PDCAのダブルループ」があります（図5）。

これは、「小さいPDCA」で目標を達成するようコントロールしつつ、目標や進め方を見直す必要がないか、もう一つ高い目線の「大きいPDCA」で状況を見ながら軌道修正し改善し続けるという考え方のことです。

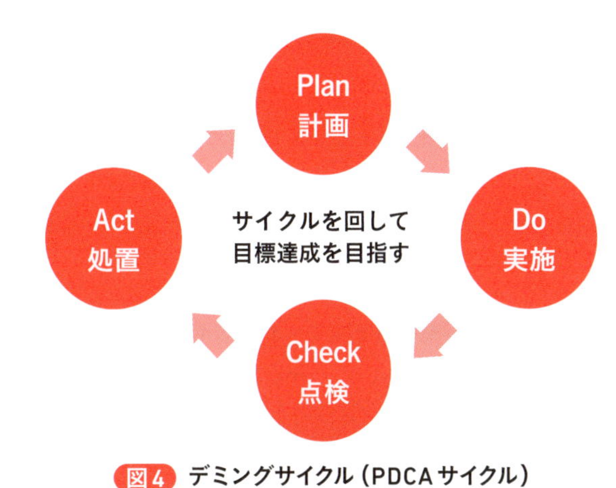

図4 デミングサイクル（PDCAサイクル）

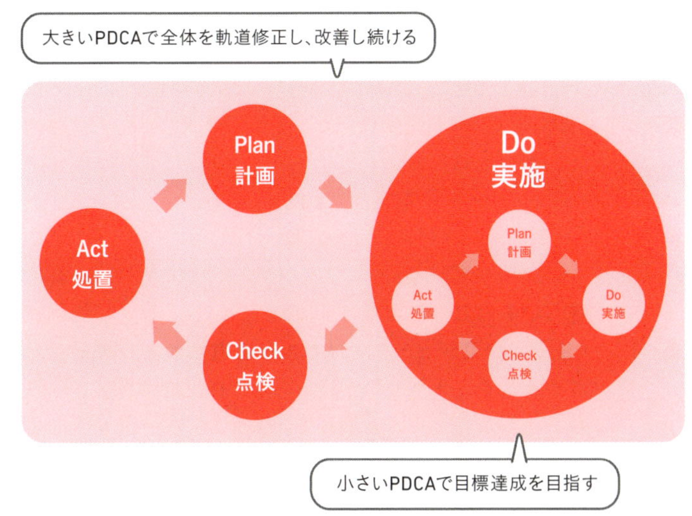

図5 PDCAのダブルループ

ちょっとした思いつきで売上倍増!

日曜日の朝、美乃梨さんは店の商品を物色しながら八兵衛さんにこう切り出しました。

美乃梨　「お父さん、お金はちゃんと払うから、来週から毎朝新鮮な葉物野菜と人参をいくつか会社に持って行っていいかな？あと、できれば、パイナップルも仕入れて欲しいなぁ…」

八兵衛　「はあ？何に使うんだ？」

美乃梨　「会社で『健康促進プロジェクト』っていうのを進めてて、メタボ対策とダイエットを推進する役目を任されちゃって…」

八兵衛　「それと、野菜と果物がどう関係あるんだ!?」

美乃梨　「知らないの!? 朝食にスムージーを飲むと健康に良いって、今ブームなのよ」

八兵衛　**「スムージー？なんだそれ？」**

美乃梨　「簡単に言えば野菜ジュースね」

八兵衛　「へえぇ。野菜ジュースなんかが人気なのか。あんまり美味しいもんじゃねえだろうに」

美乃梨　「普通の野菜ジュースとはちょっと違うのよ。凍らせた野菜や果物をミキサーにかけるの。これが結構美味しいのよね。生野菜をたくさん取れて、健康にもダイエットにもいいって、女子に人気なのよ」

八兵衛　**「…それだ!!!」**

美乃梨　「はあ!?」

八兵衛　**「スムージーを売るぞ!!」**
美乃梨　「えええ？!」

こうして、八兵衛さんの思いつきで、「スムージー」を、やおはちの店舗の一角で売り出すことになりました。八兵衛さん、さっきまで「スムージー」という言葉すら知らなかったのに…。

～1か月後～

美乃梨さんの心配をよそに、「意外なことに」と言うか、「八兵衛さんの予感的中」と言うか、「やおはちのスムージー」は若い女性の間に口コミで評判が広まり、行列ができるほどの人気となりました。

「八百屋でスムージーを売っている」という意外性が受けたのかもしれません。八兵衛さんも美乃梨さんも、大喜びです。

美乃梨　「お父さん、よくスムージーを売ろうなんて思いついたわよね。**ちょっぴり見直したわ**」
八兵衛　「そりゃおめぇ、**女の子の間で噂になったら、一気に人気が出る世の中だからな。**それに冷凍できるとなると、野菜を廃棄しなくて良くなるだろ?」
美乃梨　「すごい、そこまで考えてたんだ!」
八兵衛　「まーな、マネジメントできるようになってきただろ。へへへ」

スムージーを求めて来店したお客様が、店舗で取り扱う商品に興味を持ち、野菜や果物の売れ行きも少しずつ増えてきました。
八兵衛さんも、客層の変化に合わせてこれまで取り扱わなかったような珍しい商品を仕入れ、それがまた話題になるというように、相乗効果が出てきました。

やおはちの売上も大幅に伸び、八兵衛さんはホクホク顔です。

「お客様にとっての価値」を考える「顧客志向」

関連ページ …… P.162

「お客様にとって価値があることは何か」を考えることは、ビジネスの成功のためには必須です。ITILではこれを「顧客志向」と呼び、サービスの根幹であるとしています。

しかし、実は顧客志向の前に、シンプルですが大切なことがあります。それは、「お客様は誰なのか」を明確にする（もしくは設定する）ことです。八兵衛さんの経営する「やおはち」のお客様の多くは、商店街を訪れる「近所に住む人達」でした。主婦や高齢者など、自分と家族の日々の食事を作る人達が多かったはずです。

▶スムージーのお客様は誰？

では、スムージーのお客様はどうでしょう。「スムージーを販売しよう！」と考えた瞬間に、八兵衛さんの頭の中に浮かんだお客様は、「美容や健康のためには時間とお金を惜しまない若い女性」だったはずです。こうなると、求められるものはこれまでのお客様とは全く異なってきます（図6）。例えば、次のようなものでしょう。

- ○美容や健康、ダイエットに効果が高いもの
- ○値段が安いよりも質（効果や味）の高いもの
- ○一般のスーパーでは手に入らない珍しいもの

ちょうどターゲットとして設定した女性に近い年齢層の娘がいたことは、八兵衛さんにとって非常にラッキーでした。美乃梨さんやその友人ならどんなものを求めるのかを想像したり、本人達の意見を聞いたりすることができるからです。

「ターゲットが求めるもの」を明確化できたことが、成功への近道となったと言えます（図7）。

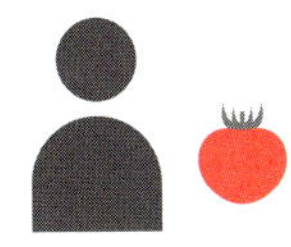

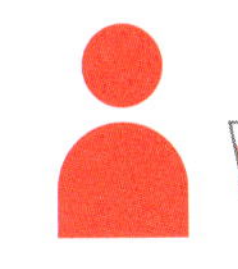

図6　お客様が求めるものは何？

STEP1	ターゲット顧客を決める	美容と健康に関心の高い女性 （特に高校生〜40代）
STEP2	ターゲット顧客の行動や嗜好、価値観を洗い出す	・朝食は食べないか、簡単なものを食べる ・帰りに商店街に寄る ・興味のある食べ物があれば、遠くても買いに行く ※実際に生の声を集められるとさらによい
STEP3	ターゲット顧客に価値のある商品やサービスを考える	・朝の通勤、通学途中に立ち寄って購入しやすいテイクアウトのスムージーを作る（→早朝からオープンする） ・帰宅時間帯に購入できるように準備する ・美容や健康への効能の高い商品を作る

図7　「顧客志向」に必要な３つのステップ

そんなはずでは…。人気急落!?

しばらく続いていたスムージー人気が、どういうわけか急に落ちてきました。

八兵衛　「おっかしいなぁ。季節が変わったからかな？」

確かに最近は夏の暑さが厳しくなっており、行列に並ぶのが辛い季節になってきました。せっかく売上が伸びてきたというのに…八兵衛さんも困り顔です。

八兵衛　「これからもっと暑くなりそうだし、スムージーは売れなくなりそうだなぁ。実際、行列も日に日に減っているしな…仕入れを減らすしかないかなぁ」
美乃梨　「…お父さん、**本当に暑いから行列が減っているのかしら。**暑いのが理由なら、屋根を作るとか冷房を効かせるとか、対策は打てるわよ」

のんびりしている八兵衛さんに、美乃梨さんが厳しい一言を浴びせました。

美乃梨　「実は、私も気になったから、お店の口コミをネット検索してみたんだけど、最近は評価が下がっているのよね…」
八兵衛　「な、なんだとぉ!?」

美乃梨さんが差し出したスマートフォンの口コミサイトを見て、八兵衛さんは愕然としました。

『正直、インスタ映えしないんだよね。ただの八百屋のジュースってかんじ？』
『イチゴのスムージーがいつも売り切れ。最初から用意していないんじゃない？』
『店員がフツー』
『トイレが汚い』
『コップがダサいよね。１００均とかで大量に売ってそう』

こんな辛口なコメントが、口コミサイトに所狭しと並んでいます。

八兵衛　「な、なんだこりゃ!? スムージー自体の評価とは、ほとんど関係ねえじゃねえか」
美乃梨　「うん、でもね…」
八兵衛　「コップが何だってんだ、高いコップを使ったら味が変わるわけでもあるまいし」
美乃梨　「お父さん、あのね…」
八兵衛　「そもそもなんだ、インスタ映えってのは。**肝心のスムージーの味はどうでもいいってのか？**」
美乃梨　「お父さん、そこまで!」

止まらず不満をぶちまける八兵衛さんを、美乃梨さんが制しました。

美乃梨　「お父さん、気持ちはわかるけど、このままだとお客さんはどんどん減っていくわよ。それでもいいの？」
八兵衛　「そりゃあよくないけど…」
美乃梨　「とにかく、お客さんの評判が下がっているのは確かなんだから、何とかしないとだめよね。それはわかるよね？」
八兵衛　「そりゃあ、まあ…」
美乃梨　「だったら、対策を考えましょう」

あらためて、「サービス」とは？

関連ページ …… P.030、P.050、P.154

やおはちに、いったい何が起きたのでしょうか？

今回のストーリーは、まさしく「モノ」と「サービス」の違いによって生じた失敗の典型例と言えます。

お客様はもちろん、良い商品（モノ）を購入するために来店されるわけですが、実はそれ以外に良い体験（コト／サービス）も期待して来店されることがほとんどです。もちろん、意識して期待する場合もあれば、無意識に期待する場合もあります。

「より良いモノを作りたい」という気持ちは非常に大切なのですが、時にそれが「プロダクトアウト」な考えに陥ってしまいがちです。

「美味しいスムージーを作ったのに」
「新鮮野菜や珍しい果物まで使っているのに」

これは、作り手側の自己満足でしかありません。いくら自分が善かれと思って行っていても、相手の求めるものと合致しなければ価値があるとは言えないのです。

▶「モノづくり」から「コトづくり」へ

「モノづくりからコトづくりへ」という表現を見たり聞いたりしたことはないでしょうか。

これは一言で言えば「目線を変えること」です。「自分がいかに良いモノを提供しているか」という「プロダクトアウト」の目線から、「相手がどのような体験（コト）を求めているか」という「マーケットイン」の目線で考えなくてはなりません。これが「サービス」の基本です（図8）。

モノづくり
（プロダクトアウトになりがち）

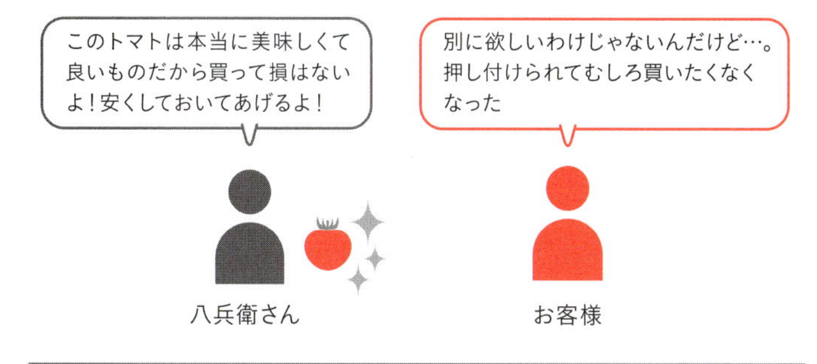

図8 「モノづくり」と「コトづくり」

やおはちスムージー、V字回復への道

珍しい品種で鮮度が高く、美味しい野菜と果物で自信を持って提供していたスムージーが、味や品質とは全く関係ない点で酷評され、八兵衛さんはふさぎ込んでいます。

八兵衛　「対策っつっても、何をしたらいいんだろうなぁ」
美乃梨　「まずはお客さんの声を聞いてみたら？常連さんなら、正直に答えてくれるんじゃないかしら」
八兵衛　「なるほどな。そういえば、最近よく来るOL風のお姉さんとはすっかり顔なじみになって、時々世間話をするんだよな。よし、今度来たら聞いてみるわ」

～翌朝～

女性客「すみませーん、小松菜のスムージーくださーい」
八兵衛「へい、らっしゃい！ああ、あんた！来てくれたのかい！」
幸運なことに、八兵衛さんが言っていた顔なじみのOLさんが、スムージーを買いに来てくれました。

八兵衛　「よぉ、お姉さん、ちょっとこれ見てくれよ。ほら、『インスタ映えしない』とか『コップダサい』とか書き込まれてるんだけどよ、あんたどう思う？しょ～～っじきに答えてくれ」
女性客　「へえー、どれどれ…ああ、これ、私も同感です」
八兵衛　「**ええっ?**」

てっきり自分の味方をしてくれると思っていたOLさんの言葉に、八兵衛さんは驚きを隠せません。

女性客　「最近はスマホで写真を撮って友達に見せるのが流行りなんですよ。だから、やっぱり見栄えのいい写真を撮りたいですよね。味は写真じゃ伝わらないし」

八兵衛　「ううう、あんたまで…」

女性客　「ほら、これかわいいでしょ？」

女性客はスマートフォンをバッグから取り出し、お洒落なラテアートの写真を八兵衛さんに見せてくれました。

八兵衛　「…確かに、カップも凝っている方が見栄えがするなぁ」

女性客　「でしょう？この写真を世界中の人に見せるの」

八兵衛　「せ、世界中？！」

女性客　「そうよ。最近じゃあ、テレビCMより効果あるんですから」

八兵衛　「へえ…」

その日の夜、八兵衛さんは帰宅した美乃梨さんに、女性客の言葉を伝えました。

八兵衛　「それでよ、『確かにトイレも汚い、女性はそういうのを気にしますよ』なんて言いやがるんだよ」

美乃梨　「ふーん。でもそれって、貴重な意見じゃない。やっぱりお客さんがそう言ってるんだから、耳を傾けないと」

八兵衛　「まあ、そうなんだけどよぉ」

美乃梨　「これからも、お客さんにいろいろとヒアリングしてみたら？やっぱりお客さんの生の声って大切だと思うよ」

八兵衛　「うーん、そうだなぁ」

それ以来、八兵衛さんは、お客様にスムージーを手渡すときに、要望や不平不満がないか、積極的に聞くようになりました。そして、コップを新しくしたり、売れ筋のスムージーは多めに作って在庫切れを防いだりするなど、コツコツと改善を進めた結果、スムージーの売上は少しずつ回復していったのでした。

ITIL V字回復の根幹に「サービス」あり！

関連ページ …… P.030、P.046、P.154

「サービス」の感覚、つまり、「お客様に価値を提供する」という考え方はついつい忘れがちです。努力していればいるほど、成功を重ねれば重ねるほど、「自分のしていることは正しいハズ」や「提供している商品やサービスは顧客ニーズにあっていて価値があるハズ」と思い込んでしまいがちだからです。

しかし、お客様が何をもって価値があると感じるかは、お客様にしかわかりません。また、お客様の価値観や周りの環境はどんどん変化していくので、何をもって価値があると感じるかも、刻一刻と変化していきます。したがって、今回の八兵衛さんのように「なるべくお客様の生の声を聞くようにすること」が、遠回りのようで実は一番の近道だったりします（図9）。

もちろん、「あるお客様の意見は例外的なものだった」というケースもありえます。ですから、なるべく多くのお客様（あるいは重要なお客様）の意見を聞くことが大事です。

また、お客様の声を元に適切な判断を下すためには、お客様の意見を確実に収集するだけでなく、蓄積する仕組み作り（活動についてのルール作りやツールの利用）も大切になります（図10）。さらに、次のような施策を着実に実行することで、お客様の求める「価値」を提供し続けることが可能になるはずです。

- ○顧客志向（＝サービス志向）であり続ける
- ○データを「見える化」する
- ○目標を決めて達成できるように軌道修正する（PDCA）
- ○達成度や環境の変化に応じて、さらなる改善を進め続ける（PDCAのダブルループ）

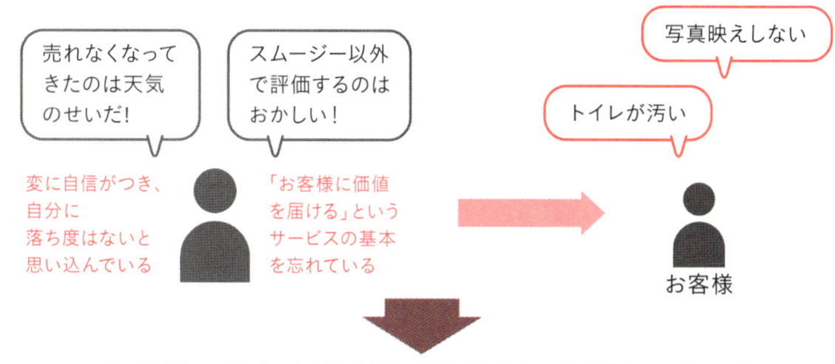

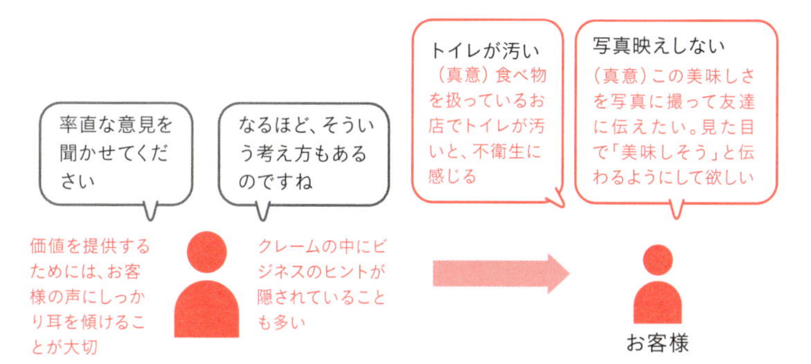

図9 お客様の「生の声」に耳を傾ける

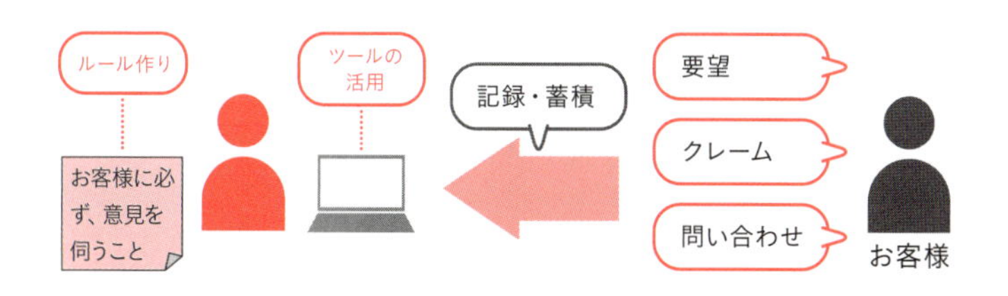

図10 一度きりではなく恒常的に実施できる仕組みを作る

3年後の「YAOHACHI」

旬の野菜と果物を使ったスイーツが人気のレストラン「YAOHACHI」は、首都圏に10店舗を展開するレストランチェーンです。3年前にはこれが商店街の八百屋で、店主の八兵衛さんが娘の美乃梨さんに叱られながら経営の立て直しを進めたなどと、誰が想像できるでしょうか。

店員　「いらっしゃいませ！」

レストランに足を踏み入れると、かわいくて豪華な旬の野菜や果物がショーケースに並んでおり、どの店舗も行列が絶えません。

あれから3年…。
八兵衛さんは「サービス」という考え方に目覚めました。

「お客様の声に耳を傾ければ、そこにビジネスのヒントがある」
「見える化すれば、未来が見える」
これが今の八兵衛さんの口癖です。

スムージーの一件以来、八兵衛さんはお客様の声を積極的に聞くだけでなく、様々な角度からサービスの分析ができるように、大量の種類のデータを蓄積することに注力しました。そして、美乃梨さんに教えを請いながら、定期的にデータ分析を行い、PDCAを意識的に回すようになりました。それが成功の原点だったと言えます。

美乃梨　「まさか、お父さんがここまでパソコンを使いこなせるようになるとは予想できなかったわ」

当時を振り返って笑う美乃梨店長は、本当に嬉しそうです。

八兵衛　「俺だってよ、まさかレストランを経営することになるなんて考えてもなかったさ」
美乃梨　「『俺はスイーツを売ってるんじゃねぇ、甘い夢を売ってるんだ』でしょ？」
八兵衛　「そう。お客様の声に耳を傾けたら、それが答えだったんだよ」

八兵衛さんは、購買履歴、近所のスーパーのセール情報、天気などを、大学ノートに書き込んでいたころを思い出しました。

八兵衛　「あのときは大変だったなぁ。でも、お客様の話を聞きながらノートに書き込んでいると、お客様も真剣に答えてくれたもんだ。口コミサイトのクレームを見たときは、なんでこんなこと書かれるのか理解できなかったけどなぁ」

八兵衛　「でも…」
と、八兵衛さんは昔を懐かしみながら語るのでした。

八兵衛　「でも…、あれで何となくわかったんだよ、サービスが何かってことが」

今の八兵衛さんは、あのときお客様が求めていたものが、スムージーだけではなかったとわかっています。店舗の清潔さ、写真映えする容器、友達と行列に並ぶワクワク感…そして、それらがいつ行っても得られる環境。それらを含めた「サービス」を、お客様は求めていたのです。それを理解できたからこそ、今の成功があると言っても過言ではありません。八兵衛さんは美乃梨さんとともに、これからもお客様にサービスを提供することを誓うのでした。

ITIL この章のまとめ

この章では、ITIL全体に共通となる基本の考え方、つまり「サービス」と「マネジメント」について紹介しました（図11）。

ITILはITSM（ITサービスマネジメント）のベストプラクティス（成功事例）です。したがって、ITILを知るには、大前提として「サービス」と「マネジメント」が何かを知っておかなくてはなりません。

八兵衛さんは、紆余曲折を経て、サービスの定義の真の意味を知ることができました。

それは、**「お客様に価値を提供するためにはお客様の生の声を聞き、本当にお客様の目線になって考えなければわからない」**ということ、さらに、お客様の求める「価値」は刻一刻と変化するので、常にアンテナを張り、その変化に追随しなくてはならないということです。それが、「お客様の求める価値を提供する」というサービスの本質です。

最初は大人気だったスムージーが、だんだん評判が悪くなってきたのは、事前期待が高すぎたせいで、「期待外れだ」と落胆したお客様が多かったからだろうと想像できます。つまりこの時点で、お客様の「変化」に八兵衛さんは気づくことができなかったのが、売上悪化の原因でした。

しかし八兵衛さんは、お客様の声に真摯に耳を傾け、是正することで、売上を回復することができたようです。

八兵衛さんが成功したことを見てもわかるように、お客様に最高の価値を提供し続けるためには、サービスの「マネジメント」も必須です。その基本がPDCAです。一度決めた目標を達成するだけでなく、**「より良くするには何をすべきか」を考え、行動し、**PDCAのサイクルを回すことで、適切なマネジメントを実現することができるのです。

これらの考え方を理解すれば、次章からのITILの詳細についての説明が非常に理解しやすくなることでしょう。

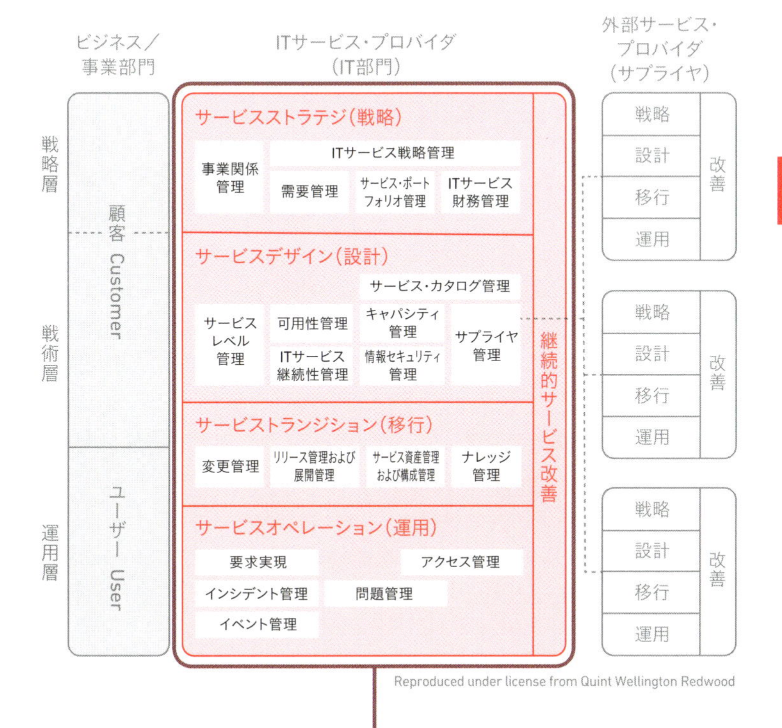

図11 この章で解説したこと

コラム 「農業の6次産業化」には サービスマネジメントが必須？

「6次産業」という言葉を聞いたことはありませんか。
6次産業とは、農林漁業者（1次産業）が、食品加工などの製造業（2次産業）や流通・販売等の小売業（3次産業）にも取り組み、新たな付加価値を生み出す新たな産業のことです。「1次×2次×3次＝6次産業」というわけです（農林水産省ホームページより一部抜粋：http://www.maff.go.jp/j/shokusan/sanki/6jika.html）。
今回のやおはちも、八百屋なのにスムージーを販売したり、マーケットインの考え方を導入したりすることで、経営を劇的に向上させることができました。
やおはちの例に限らず、今後は1次産業の6次化に伴いサービスやサービスマネジメントの考え方が「必須」になるというのは、火を見るよりも明らかです。
例えば毎日畑を耕してトマトを作っていた農家の人にとって、道の駅でそのトマトを販売することですら大きな壁があると聞きます。
「値段なんてつけたことないもの。いくらにすればいいかなんてわからないよ」
「顔写真をトマトの袋に貼って売る？そんなの恥ずかしい」
「トマトジャムにする？そんなの売れるわけないだろう」
こう考える人が多いのでしょうが、実際には、農家の人が道の駅やインターネットなどで工夫を凝らした商品・サービス展開を行い、成功した例が続々と生まれつつあります。
「作ったり獲ったりした商品を市場に卸して終了」という一種の「モノづくり」を脱し、「顧客志向」に基づいて一人一人のお客様の顔や生活や行動や価値観をイメージし、「コトづくり」に励む。これがサービスの基本であり、6次産業の成功の鍵です。つまり、農業の6次産業化にも、サービスマネジメントの考え方が必須だというわけです。

Chapter 02

Case Study 2

旅館にITILを導入したらどうなる？
～温泉若女将の湯けむり奮闘記～

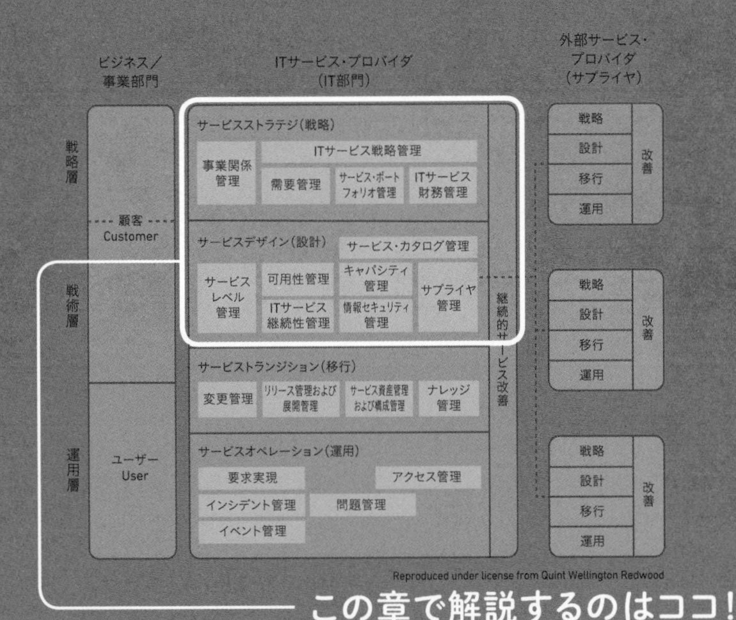

インバウンド戦略だ！

女将　「従業員のみなさん、由緒ある松ノ湯をこれからも続けていくために、私は本日をもって女将を卒業します！」

松ノ湯をこれまで切り盛りしてきた女将の春枝さんは、大広間に従業員一同を集めて宣言しました。

従業員　「ええええええ!? どういうことですか!?」

大広間はパニックです。春枝さんには、女将の後継者となる娘がいません。旅館に女将がいなければ、廃業するしかありません。

女将　「私は大女将になります」
従業員　「しかし新しい女将は…」
女将　「彼女が若女将です。**これから女将修行をしてもらうメアリーさんです!**」
メアリー「私、メアリーデス。これからワカオカミとしてガンバって勉強します。みなさんよろしくお願いします!」

松ノ湯は、創業100年の由緒ある老舗温泉旅館です。テレビにもよく取り上げられる有名旅館ですが、実は近年、経営があまりうまくいっていません。なのに、春枝さんは、先日息子と結婚したばかりのイギリス人、メアリーさんを若女将にしようというのです。さあ、いったいどうなるのでしょうか。

メアリー「ワォ！温泉、キモノ…ザッツ、ジャパンね。ベリークール！こんなに素敵な旅館なのに、どうして海外のお客様少ないデスカ？」
清子「うーん。英語を話せる従業員がいないからかしらねぇ」

仲居頭の清子さんは、メアリーさんの不躾な質問にも丁寧に答えてくれます。

メアリー「OK! 私が来たからには、英語も大丈夫デスヨ！もっとガイコクジンを呼び込みたいデスね。インバウンド戦略デス！」
清子「そうねぇ…。英語版のホームページも作っているのですけど…」
メアリー「そうなのデスね。あとでそのWebサイトを見てみます！」

やたらテンションが高いメアリーさん。ふと裏庭に目を留めました。

メアリー「ワォ！ボンサイ！こんなにタクサンあるなんて！」
清子「盆栽はここの先代の大旦那様の趣味でね。素人に毛が生えたようなものですけど」
メアリー「今、海外ではボンサイが非常に注目されているんデス！」
清子「へぇ〜。こんなもののどこがいいのかしらねぇ」
メアリー「あ、何デスカ、これ。ベル？」
清子「風鈴ですよ。風が吹くとチリンチリンと音が鳴って涼やかでしょ？涼しい気持ちになって涼を楽しむものなの」
メアリー「ワオ、エキゾティック！」
清子「面白いものねぇ。私達が普段当たり前にしていることだけれども、**国が違うと珍しいものになるのねぇ**」
メアリー「…ナルホド！ここにヒントがあるような気がします！」
清子「え？」

メアリー若女将は、何か発見したようです。

ITIL 「お客様の目線」を忘れない！

前章の「八百屋」編でもあったように、サービスを提供するお客様（マーケット）を定義し、そのお客様が求めるもの（＝価値）は何かを考えることが、サービスを成功させるための基本中の基本です。

「松ノ湯」では、若女将のメアリーさんがインバウンド戦略を宣言し、外国人客を新たなお客様としてターゲットにすることを決めたようです。ただ、仲居頭の清子さんの話によると、これまでも外国人客を狙って英語のWebサイトを作るなどしているのですが、あまり効果がないみたいです。

これはつまり、「お客様が何に価値を見出すか」を掘り起こせていないということになります。確かに、「お客様目線になる」というのは、なかなか簡単ではありません。日々努力して「良いサービスを提供している」と自信を持っている人には、特に難しいものです。そこで、お客様目線になるための様々な手法が考えられてきました。

例えば、以下のような方法があります。

- ○お客様（の代表者やサンプルで何人か）と話し合いの場を持ち、生の声を聞く
- ○お客様の様子を観察する（シャドーイング）
- ○アンケートを取る
- ○お客様の普段の行動を分析し、そこから需要を予測する
- ○お客様になった気分でサービスを使ってみる

お客様目線になるための代表的な手法に「ペルソナ」があります。ペルソナとは、お客様の具体的な人物モデルのことです。お客様の具体的な像を作り、その人物がどのように考えたり行動したりするかを想像することで、お客様目線をイメージしやすくなります（図1）。

ペルソナを設定していない場合

外国人客

人物像が抽象的なため、
どのようなニーズがあるか
イメージがわかない

?

ペルソナを設定している場合

外国人客

具体的に人物像がイメージできるので、

- **どんな行動を取るか**
- **どんな発言をするか**
- **何に価値を見出すか**

などをイメージしやすい

（漫画家が言う「キャラクターが勝手に動いてくれる」状態）

- スペイン人、男性、身長1m80cm、24歳
- 両親と5歳下の弟と4人暮らし
- 首都バルセロナのアパートに住んでいる
- 家から電車で30分のレストランでコックとして修業中
- 好きな日本料理は天ぷら
- 和食や中華をたまに食べるのでお箸は使える
- サッカーが大好きで日本のサッカー漫画は全て読破
- 冬休みに1週間の休暇を取って、弟と2人で初めて日本に旅行に来た etc...

「ペルソナ」など様々な手法を用いて
「お客様目線」になることが大切！

図1 **お客様目線になることが大事！**

うちのサービスって何だろう?

メアリー「キヨコさん、松ノ湯のサービスって何がありますか?」
清子「一般的な日本旅館のサービスですよ」
メアリー「その『一般的な日本旅館のサービス』って何デスカ?」
清子「え?」
メアリー「私、ガイコクジンだから、日本の常識ワカリマセン。私と同じガイコクジン客からすれば、それがスバラシイ、特別なサービスに感じるはずデス」
清子「そう言われてもねぇ…。**今まで当たり前にやってきたことだからねぇ**」
メアリー「Oh…それデス!」
清子「???」

メアリーさんは、何かひらめいたようです。さっそく清子さんにお願いし、松ノ湯の仲居さん達を大広間に集めてもらいました。

メアリー「仲居のみなさんに質問デス! みなさんが提供しているサービスって何デスカ?」
仲居「え?サービス??」
メアリー「つまり、お客様に価値を提供するために何をしているか、ということデス」
仲居「要は…、普段している仕事ってことかしら…?」
メアリー「そうデース!」
仲居「ええと、まずはチェックインね。お客様がいらっしゃったら玄関でお出迎えして、お部屋にお通しして、お部屋の説明をして…」

メアリー「フムフム」

仲居「大広間でお夕飯をお召し上がりいただいている間にお布団を敷いてるわね」

メアリー「おお、オフトン!」

仲居「お食事が部屋出しの場合は、お食事の前にでかけていらっしゃる間にお布団を敷くこともありますよ」

メアリー「それからそれから?」

仲居「お食事の配膳はもちろん私達の仕事だし、あとお掃除も毎日欠かさずやっているわね」

仲居「あと、お風呂の掃除も」

メアリー「掃除のときは、お客様はお風呂に入れないのデスカ?」

仲居「入れ替え制にして、24時間入れるようにしています」

メアリー「オー!ワンダフォー!」

仲居「で、朝食をお出しして、チェックアウトでお見送りして終わり、かしらね」

メアリー「なるほど…。**じゃあ今言ったことを、お客様の目線で最初から最後まで説明デキマスカ?**」

仲居「お客様目線で?」

メアリー「そうデ〜ス!」

仲居「チェックインから?」

メアリー「いいえ!」

仲居「お部屋に入るところから?」

メアリー「いいえ!お客様が予約するところからデ〜ス!」

仲居「ええ〜!? 私達はお客様じゃないから難しいわ〜!!」

メアリー「でもみなさん、一度くらいは、他のホテルや旅館に泊まったことがアリマスヨネ?」

仲居「そ、そりゃああるけど…」

メアリー「そのときの気持ちでお願いしマス!それを元にカタログを作りましょう!」

仲居「カ…カタログ??」

「サービス・カタログ」を作ろう！

関連ページ …… P.180

サービスとは「お客様に価値を提供する手段」でした。つまり、お客様の目線で、「どこにどのような価値があるかを理解できること」が成功の鍵となります。そして、「それを言葉にして表現することができるかどうか」が2つめの鍵です。

現在、自分達が提供しているサービスは何なのか、お客様にとってどのような価値を提供しているのか、それを説明する資料を「サービス・カタログ」と呼びます。

サービス・カタログとは「稼働中の全てのITサービス（展開可能なITサービスを含む）に関する情報を格納するデータベースまたは構造化された文書」（出典「ITIL用語および頭字語集」）

▶サービス・カタログのメリット

サービス・カタログの作成には、次のようなメリットがあります。

- ○何を提供しているのかをお客様に対して明確に説明できるので、他社との差別化ができる
- ○お客様のサービスに対する事前期待が大きくなりすぎない（期待管理）
- ○定義をしないことにより「何でも対応する」スタンスを取ってしまい、お客様にとって最適なサービスが提供できなくなることを防ぐ

だからこそ、サービス・カタログを作成し、かつそのカタログを常に最新の状態に保つよう管理することが大切になるのです。これを「サービス・カタログ管理」と呼びます（図2）。

メリット① サービスの明瞭な説明と他社との差別化が可能

●サービス・カタログがない場合

●サービス・カタログがある場合

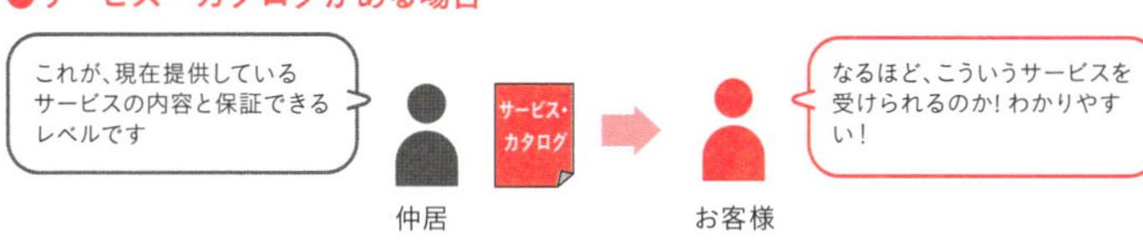

メリット②「期待管理」が可能

●サービス・カタログがない場合

●サービス・カタログがある場合

メリット③ 提供側の優先度を管理できる

●サービス・カタログがない場合

●サービス・カタログがある場合

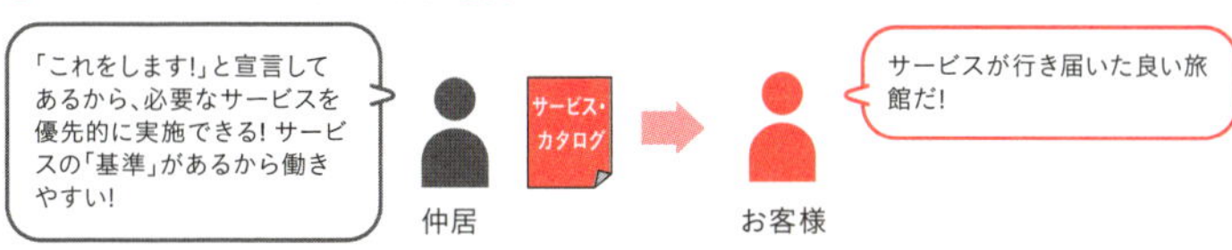

図2 サービス・カタログ作成のメリット

リピート客は?
提携している旅行会社は?

従業員全員で試行錯誤し、松ノ湯のサービス・カタログが出来上がりました。メアリーさんは大満足です！

メアリー「キヨコさん、なかなか素敵なカタログができましたネ。これを元にWebサイトを新しくしましょう。印刷して観光協会や提携している旅行会社に配れば、もっと松ノ湯をアピールできますよネ！ニューカスタマー（新規顧客）の取り込みデス！」

清子「ええ、まぁ、そうなのですけどねぇ…」

大いに張り切るメアリーさんですが、仲居頭の清子さんは浮かない顔です。

メアリー「どうしました？」

清子「うちは、**観光協会や旅行会社とあまり付き合いがないんですよ**」

メアリー「オーマイガー！本当デスカ!? それはタイヘンデス。早く対策を打ちましょう。観光協会の担当者を教えてください。すぐにアポイントメントを取って挨拶に行きます」

清子「まあ、今日これからですか!?」

メアリー「ハイ、『善は急げ』デスから！旅行代理店はどうなのデスカ？」

清子「今お付き合いがあるのは2社ですね。年に2～3回、大口の団体旅行を企画してくださるんですよ」

メアリー「たったの2社!? 他にも日本にはタクサン、旅行代理店はありますよね？主な代理店の一覧をまとめてクダサイ」

清子「一覧を作るんですか!? そんな面倒な…」

メアリー「ノーノー。大切なコトデス！手が空いている人に手伝ってもらって、大至急作ってクダサイ」

清子「わ、わかりました」

メアリー「あと、リピート客を増やしたいので、これまで泊まってくださったお客様に、このサービス・カタログを送りたいデス。団体旅行の後に個人でリピートしてくださるお客様は何％くらいいるのデスカ？」

清子「…ええと、あまり意識して数えたことはありません…」

メアリー「What!? じゃあ、団体旅行客の満足度はどうデスカ？確か、アンケートを取ってましたよネ？」

清子「…アンケートは旅行代理店のものですから、うちはその内容を教えてもらったことがないんです」

メアリー「『教えてください』って依頼したこともないのデスカ？」

清子「そ、そうですねぇ」

メアリー「**嗚呼、モッタイナイ!!** それがわかれば、お客様が求めているコトがわかるのに!!」

メアリーさんは天を仰ぎました。松ノ湯には、他にも改革すべきことが山ほどありそうです。

メアリー「キヨコさん、団体旅行のタイミングや頻度はどうデスカ？特に変わりはないのデスカ？」

清子「頻度は少し減った気がしますねぇ。でも、そういうのは代理店さんが決めることですから…」

メアリー「オゥ、ノー！**全部受け身じゃ、何も変わらないデスヨ！もっとアグレッシブに！**」

清子「それじゃあ相手さんに失礼ですよぉ」

メアリー「何も対応しない方が、ビジネスの世界では失礼デス！」

お客様の管理とサプライヤの管理

関連ページ …… P.190

良いサービスを提供すると顧客満足度が高まり、「またこのサービスを受けたい」と感じるので、リピーターになってくれます。そして口コミが広がり、新規顧客も増えていき、そのお客様もリピーターとなり…という良いスパイラルが回ると、ビジネスは成功します。

このスパイラルを生み出すためには、「お客様の管理」が必須です**(図3)**。

では、リピーターや新規顧客を増やすためには、どんな情報があると良いでしょう。例えば、以下のような情報を蓄積していれば、傾向分析をして次の一手が打てるのではないでしょうか。

- ○個人申込か旅行会社経由か（どこの旅行会社経由か）
- ○新規かリピーターか
- ○メンバー構成
- ○申し込まれたプラン
- ○リピート頻度
- ○出身（国、都道府県）
- ○滞在日数、利用日、利用時期
- ○どこでこの旅館のことを知ったか
- ○良かった点、要望、クレーム

これと同じことが、「サプライヤの管理」にも言えます**(図4)**。サプライヤとは、協力会社やパートナーのことです。

> サプライヤとは「ITサービスを提供するために必要となる、商品またはサービスの供給を責務とするサードパーティ」
> (出典「ITIL用語および頭字語集」)

良いサービスを提供するためには、サプライヤの協力が欠かせません。サプライヤに適切な相談をしたり、協力を求めたりするためにも、どのような情報を蓄積し分析すればよいかを考え、その事実に基づいて改善していくことが大事です。まさに「急がば回れ」なのです。

お客様の管理

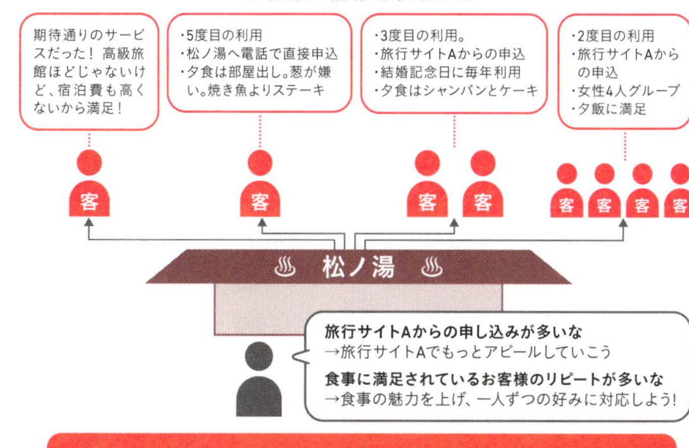

図3 お客様の管理

サプライヤの管理

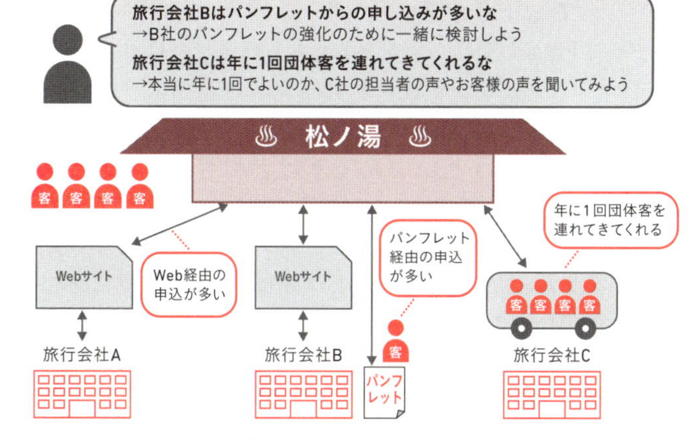

図4 サプライヤの管理

季節変動ってあるの？夏のキャンペーンに挑戦！

メアリー「キヨコさん、松ノ湯は宿泊予約にパターンはあるのデスカ？」
清子「パターン？」
メアリー「例えば、春はお客様が多くて、秋は少ないトカ…」
清子「そうですねぇ。夏はお客様が少ないですね。たぶん、近くに海がないからでしょうねぇ」
メアリー「夏というのは、具体的にいつデスカ？」
清子「具体的な日付まではちょっと…。帳簿を見てみないと…」
メアリー「その時期は、予約がゼロになるのデスカ？」
清子「ゼロではありませんよ。チラホラ予約は入りますよ」
メアリー「**それってどういう人なんでしょう？ 目的は温泉でしょうか？**」
清子「温泉以外にも何かあるかもしれませんねぇ」
メアリー「でも、アンケート取っていないデスヨネ…」
清子「ま、その時期はウチの従業員もみんな、**夏休みを取れてちょうどいいんですけどね**」

清子さんはノー天気に笑いますが、メアリーさんはとても笑ってはいられません。近所に海のない松ノ湯に、わざわざ夏に訪れる人は何を求めているのか、メアリーさんは調べてみることにしました。

～数日後～

メアリー「キヨコさん、わかりましたヨ‼」
清子「へ？何がですか？」

メアリー「夏にこの地域に来る人のお目当てデス!」

メアリーさんはニコニコしながら、握りしめていたパンフレットを清子さんに差し出しました。

メアリー「これ、観光協会の入り口に置いてあったんデス! ほら、ここ見てください!」
清子　「へぇ〜〜〜! これってこの辺の名物だったんですねぇ」

パンフレットには、真っ暗な夜空に浮かぶ星々と、真っ暗な草原に浮かぶ地上の星々…ではなく、「蛍」が舞っている写真がありました。そう、夏にこの地域を訪れる人のお目当ては「蛍」だったのです。

メアリー「この場所って、松ノ湯の裏山を上がったところデスよね?」
清子　「そうです。昔から水が湧き出していて、小さな小川があるんですよ。大旦那様の盆栽の庭にその小川の水を引いてきているので、**夏になるとうちの裏庭でも蛍が見え…**」
メアリー「それデスよ! これを売りにしたら、きっと夏にももっと予約が増えるはずデス! 蛍で『夏のキャンペーン』をやるんデス!」
清子　「夏のキャンペーンですか? で、でも、そんなことしたらみんな忙しくなって、夏休みが取れなくなるかも…」
メアリー「休みをズラせばいいじゃないデスカ!」
清子　「ま、まあ確かに…。じゃあ、みんなでやってみましょうか?」

すっかり乗り気のメアリーさんを見て、清子さんもやる気が出てきたみたいです。

清子　「人気が出て、予約が殺到してしまうかもしれませんね!」
メアリー「キヨコさん、それは『捕らぬタヌキの皮算用』デスよ」
清子　「難しいことわざを知ってらっしゃいますねぇ!」

こうして松ノ湯は、夏の客不足を解決するヒントを見つけたのでした。

ITIL 「需要管理」でニーズに応える！

関連ページ …… P.170

各種サービスに対するニーズの量（つまり「需要」）を総合的に把握して管理することで、より効率的に良いサービスをお客様に提供することができるようになります。これを「需要管理」と呼びます。

需要管理とは、「サービスに対する顧客の需要を把握、予測し、それに影響を及ぼすことを責務とするプロセス」
（出典「ITIL用語および頭字語集」）

需要管理では、お客様をいくつかのカテゴリに分け、どのような行動を取るかなどを予測し、それをサービスに対する需要へと紐づけるなどの手法が用いられています。今回のお話で紹介したように、「夏にこの地域を訪れる」というカテゴリの人が「蛍を見に行く」という行動を取ることを予測し、そういう旅行客に向けたキャンペーンを企画する、といった具合です（図5）。

▶需要管理で「需要」をコントロール？

また、需要を予測できると、その需要に影響を与えることもできるようになります。

例えば、イベントを企画して需要を増やしたり、曜日や時期によってキャンペーン内容や金額設定を変えたりして、需要を特定の時期に集中させる、などの方法が考えられます。

さらに、需要管理が適切に実施できるようになると、その需要予測に合わせて、サービスやその構成アイテムのキャパシティ（量や大きさ）や可用性（使いたいときにどれくらい使えるかの能力）を見直すこともできるようになります。

このように、需要管理には様々なメリットがあるのです。

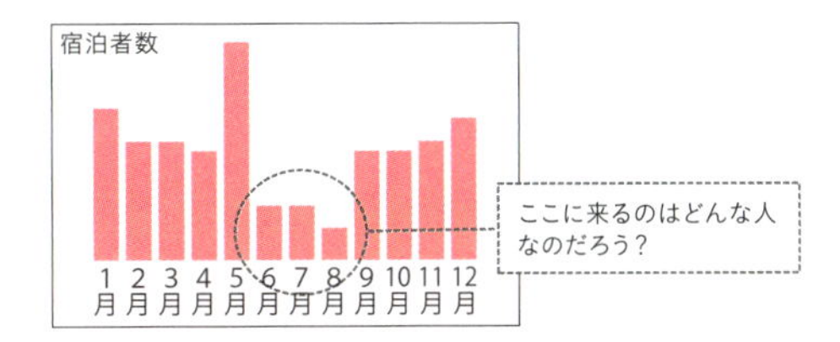

	来店タイミング	目的	行動
リピーターA	記念日	記念日のお祝い	•15時チェックイン •早めのお食事
リピーターB	夏休み	？？	•チェックインは21時過ぎ等かなり遅めが多い •素泊まり（食事なし）
リピーターC	冬休み	温泉と食事を楽しむ（一般的なお客様）	•町を散策した後に17時前後にチェックイン •温泉に入った後にお食事

お客様をカテゴリ分けし、目的や行動を予測・分析する！

純和風庭園で、湯上がりに蛍を堪能できる「蛍の見える部屋」プランを実施！

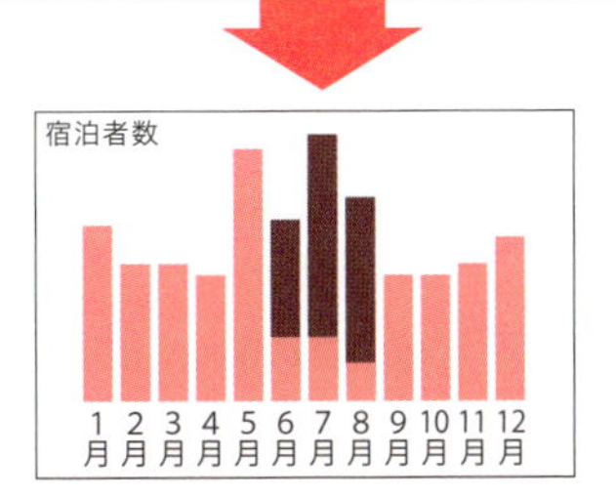

需要に合わせた施策を取ることで、集客力を高めることができる！

図5 季節変動と需要管理

夏だ! 蛍だ!

清子さんは、メアリーさんのアイデアを元に、「蛍の見える部屋プラン」のカタログを作り、さっそく提携している旅行会社に持ち込みました。またメアリーさんは、観光協会の蛍特集のコーナーにカタログを置いてもらえるよう交渉し、さらにWebサイトにも蛍をアピールして「松ノ湯＝蛍の見える宿」を強調しました。

～数か月後～

メアリー「キヨコさん、タイヘンデス！」
清子　「どうされました？」
メアリー「**夏の予約が殺到デス！蛍の効果デス！！**」

なんと、いつも予約が激減する夏の時期に、3か月以上前から予約が引っ切りなしに入るようになったのです。しかも、これまでなかった団体客の予約が複数件入っています。

清子　「メアリーさん、この団体客を連れてきてくれたの、毎年1回だけ団体客を送り込んでくれていたあの旅行会社さんですよ。そういえば、このあいだこのプランのカタログを持って行ったとき、すごく興味を持ってくれたんです」
メアリー「そうだったんデスカ！やっぱり、相手に全部お任せするだけじゃなくて、こちらから提案したり交渉したりするのもアリでしょ？ 一緒にビジネスを大きくしていってこそビジネスパートナーと言えるんデス!」

清子　　「ええ、本当に。今回のことでそれがよくわかりました」
メアリー「さあて、じゃあ今年は夏休み返上で頑張りマスよ～♪」
清子　　「ええっ!?」
メアリー「ジョークですよ！アルバイトも検討しましょう!」
清子　　「よかったぁ。あ、でもアルバイトを雇うとなると練習と引き継ぎが必要ですね。その準備もしなきゃ」
メアリー「夏の時期だけ必要な物はありませんか？ユカタとか？」
清子　　「あ！そうですね。貸出用の浴衣を増やさなきゃ。あと、蚊取り線香も！」
メアリー「**カトリセンコー？**」
清子　　「あとで見せてあげますよ！さあ忙しい！」

従業員総出で準備し、松ノ湯は大繁盛の夏のシーズンを無事迎えることができました。しかも、アルバイトなどの確保も万端で、滞りなくお客様の対応ができたのです。

清子　　「それにしても…もしこれが、直前に予約が殺到していたらと思うとゾッとしますね」

大忙しだった夏のシーズンが一段落した後、蛍の庭の縁側に腰掛けながら、清子さんはメアリーさんにしみじみとつぶやきました。

メアリー「そうデスね。今回は旅行会社経由の団体客が多かったので、かなり早い時期から準備ができたのがよかったデス!アルバイトが間に合わなかったら、予約の受け付けを諦めるしかなかったデスからね。そうなると大きなキカイソンシツでした」
清子　　「来年の夏に向けて、今から準備しなくてはいけませんね」
メアリー「キヨコさん、違いますよ」
清子　　「え？」
メアリー「その前に、秋と冬と春の準備がありますよ～!」
清子　　「あ、そうでしたそうでした！おほほ」

ITIL キャパシティ管理と可用性管理

関連ページ …… P.182、P.184

お客様のニーズに応えるには「キャパシティ管理」も大切です。キャパシティとは、言い換えると「大きさ」や「量」とその結果としての「パフォーマンス」です。

キャパシティとは「構成アイテムまたはITサービスが提供できる最大限のスループット」（出典「ITIL用語および頭字語集」）

例えば、従業員の人数、部屋の広さ、部屋の数、テーブルや椅子の数などが「大きさ」や「量」に当たります。また、4人部屋が20部屋あれば、最大80人が宿泊することができますが、これが「パフォーマンス」です。あるいは、フロントの従業員が2人の場合、一度に対応できるパフォーマンスは2組のお客様となるでしょう。果たしてこのパフォーマンスで適切なのかどうか、それを見定め、適切にコントロールするために必要となるのが「キャパシティ管理」です。

なお、前節で「需要管理が実施できるとキャパシティの見直しにつながる」というお話をしましたが、もし部屋の数を増やしてパフォーマンスを上げるとしたら、増改築が必要となるため、常にちょうど埋まるように需要を管理しなければなりません。どの時期に何組くらいのお客様が予約されるかを予測し、少ない場合は増やし、多すぎる場合は減らすというように、需要のコントロールが必要です。つまり、「キャパシティ管理」と「需要管理」は密接につながっているのです。

もう1つ、キャパシティ管理や需要管理と密接に関わるのが「可用性管理」です。可用性は、「使いたいときにどれくらい使えるか」ということです。

可用性とは「ITサービスまたはその他の構成アイテムが、必要とされたときに、合意済みの機能を実行する能力」
（出典「ITIL用語および頭字語集」）

例えば20組全員が同じ時間にチェックインすると、後半の人はかなり長時間待たされることになります。これはお客様からすると「チェックインのサービスが使えない」ということですから、「サービスの可用性が低い」ということになります。この場合、何分くらいの待ち時間が許容範囲かを見極め、適切な可用性を担保しなければなりません。これが「可用性管理」です。可用性管理を行うには、許容範囲内の待ち時間で対応できるようにフロントの人数を調整したり（キャパシティ管理）、需要をうまく調整して同じ時間にチェックインする組の上限を減らしたり（需要管理）、などの施策を実施する必要があります。

このように、需要管理とキャパシティ管理、可用性管理は密接に関わっています**（図6）**。

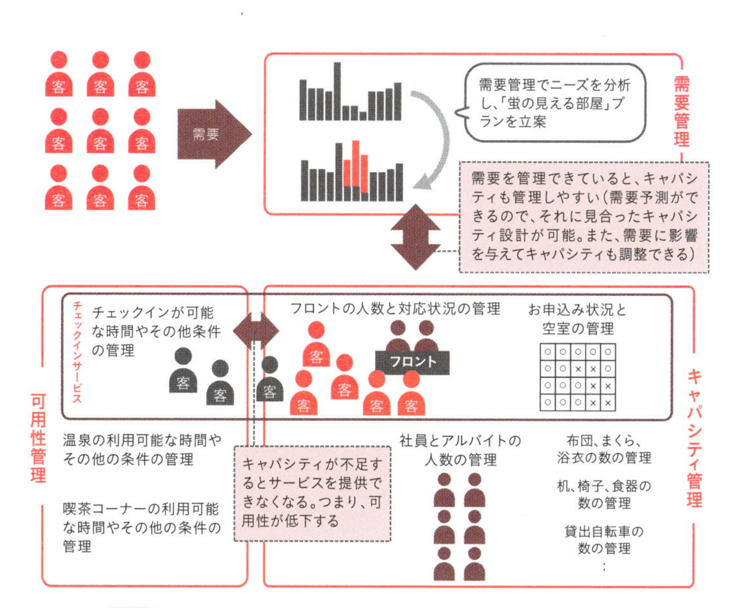

図6　需要管理とキャパシティ管理、可用性管理の関係

先も見据えて…

大女将　「メアリーさん…いえ、若女将」

メアリー「はい、大女将！」

大女将　「古いしきたりで凝り固まった松ノ湯を、どんどん改革してくださってありがとう。若くてエネルギーに満ち溢れているあなただからこそ、みんなも『変わらなくては』と思ってついてきているのだと思います」

メアリー「いいえ、そんな。私なんてまだまだ半人前デス」

大女将　「今までのやり方が当たり前だと思っていた私では、なかなかこうはいかなかったと思います。**本当にあなたに若女将になってもらってよかった**」

メアリー「ありがとうございます！大女将！」

尊敬する大女将に褒められて、メアリーさんは胸がいっぱいになりました。その様子を見守っていた清子さん達従業員も、本当に嬉しそうです。涙ぐんでいるメアリーさんに、あらためて大女将が声をかけました。

大女将　「せっかくここまでできたのなら、もう一つお願いしたいことがあるの」

メアリー「何デスカ？ 何でも言ってクダサイ！」

大女将　「今後3年間…いえ、5年間にどのようなサービスを増やしていけば良いか、アイデアを出してもらいたいの。もちろん、これまで実施してきたサービスを終了する、という案も出してもらってかまいません」

メアリー「え？ わ、**私がこの旅館のポートフォリオを作っても良いのデスカ!?**」

大女将　「ふふふ。海外では『ぽーとふぉりお』って言うのよね。その通りよ。でも、まずは意見を出してもらいたいわ。実際にどうするかを決めるのは、私や番頭や、もちろんあなた…とにかく、役員みんなで相談して決めるのが筋よね」

メアリー「はい、その通りだと思いマス!」

すっかり舞い上がっているメアリーさんに、大女将はやんわり釘を刺しました。

大女将　「もちろん、**思いつきだけではだめですよ。根拠も出してくださいね**」

メアリー「『根拠』…デスカ？」

大女将　「ええ。そのサービスを立ち上げるにはどれくらいのコストがかかって、何年後にはかけたコストを回収して黒字転換できるか。そう、投資対効果…『ROI』ってやつよね。あと、思いつく限りで良いのでリスクも洗い出せているとより良いわね。そうすれば、会議の場が有意義な時間となるでしょうから」

さすがは、長年松ノ湯を支えてきた大女将です。「サービス」「コスト」「ROI（投資対効果）」「リスク」というビジネス用語が、彼女の口からポンポン出てくることに、メアリーさんは驚きを隠せません。

これは気を引き締めてやらないと…メアリーさんは、居住まいを正しました。

メアリー「カシコマリマシタ、大女将！」

大女将　「頼むわね。期待しているわ」

「ポートフォリオ」を管理する

関連ページ …… P.174

P.064で紹介した「サービス・カタログ」は、現在提供中のサービスの内容についてまとめた資料でした。これに対して、将来予定しているサービスについても含めてまとめた資料を「サービス・ポートフォリオ」と呼びます。将来まで含むため、戦略的な資料と言えます（図7）。

> サービス・ポートフォリオとは「サービス・プロバイダが管理する全てのサービスを集めたもの」
> （出典「ITIL用語および頭字語集」）

▶サービス・ポートフォリオは誰のためのもの？

サービス・カタログが「お客様にサービスの概要を説明するため」に使用するのに対し、サービス・ポートフォリオは「投資対効果を吟味した結果、今後どのようなサービスを提供していくかという戦略を内部共有するため」に使用します。したがって、サービス・ポートフォリオは、基本的にはお客様に見せない内部資料となります。

新しいサービスの検討や既存サービスの廃止は戦略的に判断されますが、その根拠や実施タイミングが現場に共有されることはなかなかありません。時には、組織長（社長や役員、本部長など）が思いつきで決めてしまう、ということもあります。

その思いつきを根拠を持って裏付けし、関係者も納得して進められるようにすること、組織として今後どのようなサービス展開を予定しているかを関係者が理解し、適切な準備を始められるインプットにすること。これが、サービス・ポートフォリオ作成の目的です（図8）。

逆に言えば、サービス・ポートフォリオをしっかり作成・管理することで、これらの目的を実現できるようになるのです。これを、「サービス・ポートフォリオ管理」と呼びます。

今後展開予定のサービス

・中庭で蛍散策ツアー
・露天風呂の周りへの蛍の誘導
・夏限定「蛍を楽しむ宴」

現在提供中のサービス

・駅前までの送迎バス
・玄関でのお出迎え
・24時間温泉利用
・お部屋と大広間での夕食(選択可)
・お部屋と大広間での朝食(選択可)→大広間

終了予定のサービス

・お部屋での朝食

サービス・ポートフォリオは…

投資対効果を吟味した結果、今後どのようなサービスを提供していくかという戦略を内部共有するために用いられる

図7 サービス・ポートフォリオの例

●サービス・ポートフォリオがない場合

清子さん、この間言った通り、今年から夏は蛍で盛り上げていきましょう! 忙しくなりますよ〜♪

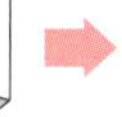

え、今年からですか? もう夏休みの予定を入れてしまいました。それに、「蛍で」と言われても、もっと具体的なサービスの内容を教えてもらえないと、誰も動けませんよ…

●サービス・ポートフォリオがある場合

清子さん、このように今後の戦略を考えてみました。蛍関連のサービスで、今夏から集客向上を図りたいのですが、どう思いますか?

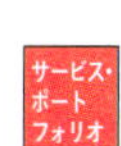

面白そうですね。早めに教えてもらってよかったです。今年は夏休みをズラして頑張ります。さっそくツアーの準備をしますね。あと、宴は料理長と相談が必要ですね。カタログも作らなきゃ!

サービス・ポートフォリオがあれば、関係者が理解・納得したうえで、適切な準備が進められる!

図8 サービス・ポートフォリオの効能

「女将メアリー」誕生！

メアリー「大女将、ポートフォリオを作成しました！」

メアリーさんは、頑張って作ったポートフォリオを大女将に差し出しました。

大女将　「あら、面白そうね。この新しいサービスの具体的な企画はイメージできているの？投資も回収できそうかしら？」
メアリー「はい、基本的には従業員がお客様をご案内する企画なので、今の人数でやりくりできそうデス。清子さんと仲居のみなさんにも相談してみましたが、みなさんとても乗り気デス！」
大女将　「仲居のみんながその気なら、問題はなさそうね。あら？この一番下…。『お部屋での朝食』をやめるということ？」
メアリー「はい、過去5年の朝食の状況を確認してみたのデスが、1件もお部屋での朝食のご要望は受けていなかったのデス」
大女将　「あら、そうだったのね」
メアリー「それなのに、『もし、お部屋での朝食の依頼があったら』と、毎朝部屋出しの準備をしていると聞いたので、やめてもいいかなと思ったのデス」
大女将　「なるほどね。昔はこれが他の旅館との差別化になっていたけれど、今ではホテルの朝食ビュッフェに慣れている人も多いものねぇ」
メアリー「はい、大女将。仲居さん達や料理長にも確認してみたのデスが、みなさん賛成でした。ただ、今まで提供していたサービスを廃止するときはどんな反響が出るかわからないので、注意して対応するつもりデス。清子さんと相談しながら進めようと思ってイマス」

大女将　「若女将、おみごとです。単に思いつきで企画するのではなく、現場と相談して実現可能かどうかを確認するなんて。**それに、そうやって相談することで、みんなをその気にさせているのね**」

メアリー「いえいえ…わからないことがタクサンあるので、みんなの意見を聞いているのデス。みんなの支えがないと、何もデキマセン」

大女将　「そんなことないわ。メアリーさん、もう若女将ではないわね。立派な女将だわ。**これからは女将として、松ノ湯を支えてちょうだい**」

メアリー「…はい、ガンバリマス!」

こうして、メアリーさんは、晴れて「女将」として、松ノ湯を取り仕切っていくことになりました。これからも苦労はあるでしょうが、持ち前の明るさで、メアリーさんは松ノ湯を支えていくことでしょう。やる気に燃えるメアリーさんを、清子さん達従業員も、頼もしそうに見つめるのでした。

今後展開予定のサービス
○中庭で蛍散策ツアー
○露天風呂の周りへ蛍の誘導
○夏限定「蛍を楽しむ宴」

現在提供中のサービス
○駅前までの送迎バス
○玄関でのお出迎え
○24時間温泉利用
○お部屋と大広間での夕食（選択可）
○お部屋と大広間での朝食（選択可）→ 大広間

終了予定のサービス
○お部屋での朝食

ITIL この章のまとめ

この章では、右ページの太い点線で囲った6つの管理について解説しました（図9）。外国人客を呼び込むために、松ノ湯のサービス内容を見直してカタログを作ったり（「サービス・カタログ管理」）、提携している旅行会社との業務内容を見直したり（「サプライヤ管理」）など、メアリーさんの取り組みは、松ノ湯のサービスの品質を向上させるために大変有効だったと言えます。

「サービスの企画・設計・移行・運用」という切り口で見ると、メアリーさんの取り組みの適切さが、あらためて理解できます。

メアリーさんは、夏に松ノ湯を訪れるお客様のニーズを「需要管理」で把握し、「蛍が見える部屋プラン」を考えつきました（企画）。その内容をカタログにまとめて旅行会社に持ち込んだようですが（設計）、これは「サービス・カタログ管理」や「サプライヤ管理」の有効な活用例です（閑散期の夏の時期の需要を増やした、という意味では、これら一連の取り組みは「需要管理」だとも言えます）。また、殺到した宿泊予約に対応するためにアルバイトを確保したり、浴衣や蚊取り線香などの備品を事前に準備し（移行）、つつがなく繁忙期を乗り切ったようですが（運用）、これは「キャパシティ管理」や「可用性管理」（設計）の成果だと言えます。

余談ながら、取り扱う浴衣が増えると毎日のクリーニングも増えるはずですが、もし専門の業者と契約しているなら、事前に業者に連絡したり、契約内容を見直したりする必要があるかもしれませんが、「サプライヤ管理」がしっかりしていれば、問題なく対応できるでしょう。

つまり、本章で紹介したような管理を行っていれば、サービスの企画・設計・移行・運用を適切に行うことが可能になるわけです。

最後にメアリーさんは、大女将に頼まれて松ノ湯のポートフォリオを作っていましたが（「サービス・ポートフォリオ管理」）、女将たるもの、将来も見据えた中長期の全体計画を立てて経営を実施することも求められます。その際には、机上での投資対効果の算出だけではなく、地に足のついた根拠も必要です。メアリーさんは、仲居さんや料理長など現場のメンバーにも相談しながら進めることで、独りよがりにならない判断ができました。また、企画の段階から現場を巻き込むことによって、サービスの新規立ち上げや廃止をスムーズに進める準備が自然とできていたとも言えます。

このように、サービス・ライフサイクル全体を把握し、全体を通して管理することの大切さを理解し実践しているメアリーさんの姿を見て、大女将はメアリーさんを女将として認めたのでしょう。

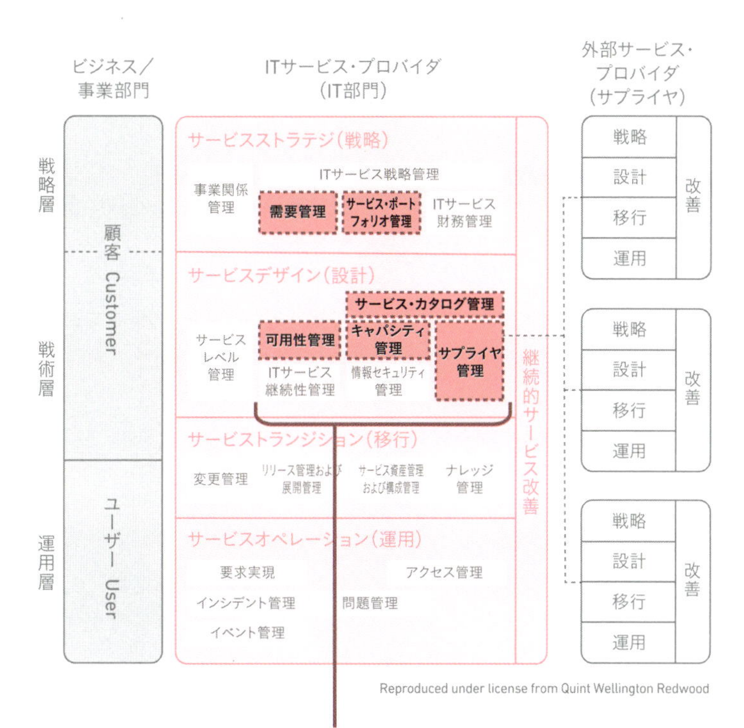

図9 この章で解説したこと

コラム 鉄道会社の需要管理とキャパシティ管理

鉄道会社では、毎日が需要管理とキャパシティ管理の腕の見せ所です。平日の通勤ラッシュの時間帯や乗降人数は駅ごと、曜日ごとに異なります。鉄道会社ではこれらのデータを測定して分析し、予測をしています。

予測だけではありません。例えば、冬の時期になると朝の通勤ラッシュがより激しくなるのをご存知でしょうか。冬は寒いので朝起きるのが辛くなります。でも、出勤時間は変わらないので、みんなぎりぎりに起きて、ほぼ同じ時間帯に電車に乗り込みます。その結果、通常よりも混み、その結果電車遅延が発生してさらに混雑する…という悪循環が発生するのです。

これは例年のことなので、特に通勤ラッシュの激しい路線では以下のような様々な工夫がなされています。

○早い時間帯に利用するとポイントが貯まるキャンペーンの開催
○どの時間帯がどの区間で混むかをポスターで紹介
○通勤時間帯の列車の本数を増便
○工事を実施して線路を追加

上記4つの対策のうち、上の2つが需要管理（鉄道サービスへの需要が発生する時間帯を分散するよう影響を与える活動）で、下の2つがキャパシティ管理（約束しているサービスを提供するために量や大きさを変更する活動）です。
いかがでしょう。こうやって見ると、「サービスマネジメント」が、ITに限らず様々な分野で活用されていることが理解できるのではないでしょうか。

Chapter

03

Case Study 3

喫茶店にITILを導入したらどうなる？

〜新米アルバイトの悪戦苦闘〜

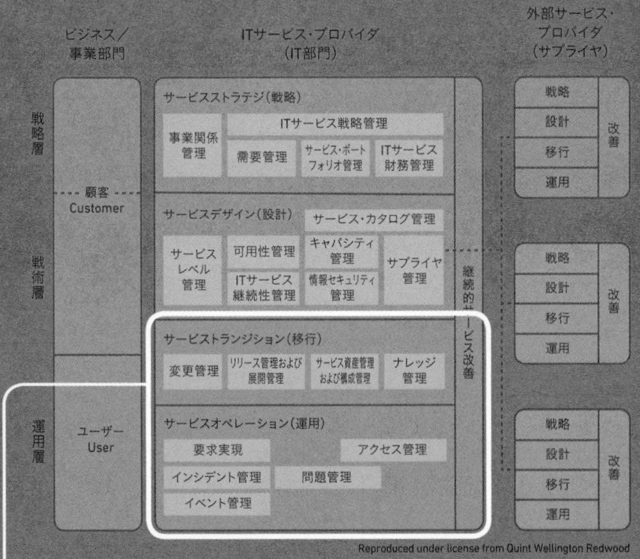

この章で解説するのはココ！

アルバイト初日から大失敗!

僕、山田アキラ、大学1年生です。大学の教授からある喫茶店のアルバイトを勧められました。どんなお店か楽しみです！

アキラ　「こんにちはー。はじめまして、本日よりアルバイトで来ました山田アキラです。よろしくお願いします」
マスター「お、今度のアルバイトは君か。よろしく!」

カウンターの奥から、人の好さそうなマスターが出てきました。優しそうな人でよかった！

マスター「さっそくだが、フロアの手伝いに入ってもらえるかな。フロアはこの2人が先輩だから、いろいろと教わって」
アキラ　「はい!」
カオリ　「はじめまして、菊池カオリです」
サクラ　「早川サクラです。よろしくね」
アキラ　「**ややや、山田アキラです**。よろしくお願いします!!!」
キレがあって仕事のできそうなカオリ先輩と、おっとり癒し系のサクラ先輩かぁ。アルバイト、頑張るぞ!

一通りの説明を受け終わると、さっそく開店です。
アキラ　「いらっしゃいませ!」
元気よくお迎えして注文を取り、コーヒーをお出しして…目まぐるしい1日の始まりです。

マスター「コーヒー3つできてるよ。冷めちゃうから早く出して」
カオリ　「DとEのテーブルを片付けて！お客様待ってるでしょ」
サクラ　「アキラ君、紙ナプキンの補充お願い」

…はぁ。思っていた以上に大変で、まさに息つく暇もありません。せわしなく動いていると、次々とお客様から声がかかります。

客　「すみませーん。スプーン落としたので代わりのをください。あと、卓上の砂糖がないので持ってきてください」
アキラ　「あ、はい！」

アキラ　「お待たせしました。まずはスプーンをどうぞ」
客　**「あのー、砂糖は？」**
アキラ　「も、もう少々お待ちください！」

…こうして、てんやわんやのうちに1日が終わりましたが、ほっとする間もなく、マスターに呼び出されました。実は、「砂糖を持ってきて欲しい」というお客様への対応が遅れてしまい、そのお客様は怒って帰ってしまわれたそうなのです。

マスター「…で？そのあとどうしたの？」
アキラ　「はい…。カオリ先輩とサクラ先輩は他のお客様の対応中だったので、マスターのところに行ったのですが、マスターも厨房で忙しそうで。で、邪魔にならないように自分で調味料棚を探しに行ったんです。でも砂糖がちょうど切れていて…。なので、倉庫に探しに行きました。砂糖の箱は見つかったのですが、戻ってきたころにはお客様が怒って出て行ったあとで…。申し訳ありません!!」
マスター「なるほどね。アキラ君、**いったい何が悪かったかわかるかな**」

マスターは怒るわけでもなく、落ち着いて確認するのでした。

ITIL 「インシデント管理」って何？

関連ページ …… P.210

新米アルバイトのアキラ君は、お客様に砂糖をお持ちするのをあまりに待たせてしまったため、すっかり怒らせてしまったようです。

でも、アキラ君は別にサボっていたわけではありません。必死に砂糖を探し回っていたのです。

ITIL では、サービスの中断やサービスの品質の低下（または、サービスを構成する一部に支障がある状態）を「インシデント」と呼び、いかに迅速に元の状態に戻すかを追求し、管理します。

インシデントとは「ITサービスに対する計画外の中断、または、ITサービスの品質の低下。サービスにまだ影響していない構成アイテムの障害もインシデントである。例えば、ミラー化されたディスクの1つに起きた障害など」（出典「ITIL用語および頭字語集」）

今回は「コーヒーに砂糖を入れて飲みたいのに砂糖がない」という、まさしくインシデントが発生したわけです。このような「通常提供する」としているサービスの範囲や品質を逸脱してしまうことは、現実でも起こりえます。だからこそ、そのときにいかに迅速に通常のサービスのレベルに戻すかが、腕の見せ所となります。今回の例で言えば、お客様は「今すぐ」砂糖が欲しかったわけですから、とりあえず他のテーブルの砂糖を持って行っても良かったかもしれません。

インシデントの対応が遅いと、評価を下げるお客様は非常に多いでしょう。そして悪評はあっという間に広まってしまいます。したがって、インシデントの管理はとても大切になります（図1）。

すなわち、お客様が求めるもの（＝価値）を提供し続けるためには、インシデントを適切に管理し、迅速に通常状態に戻せるかどうかが問われるのです。

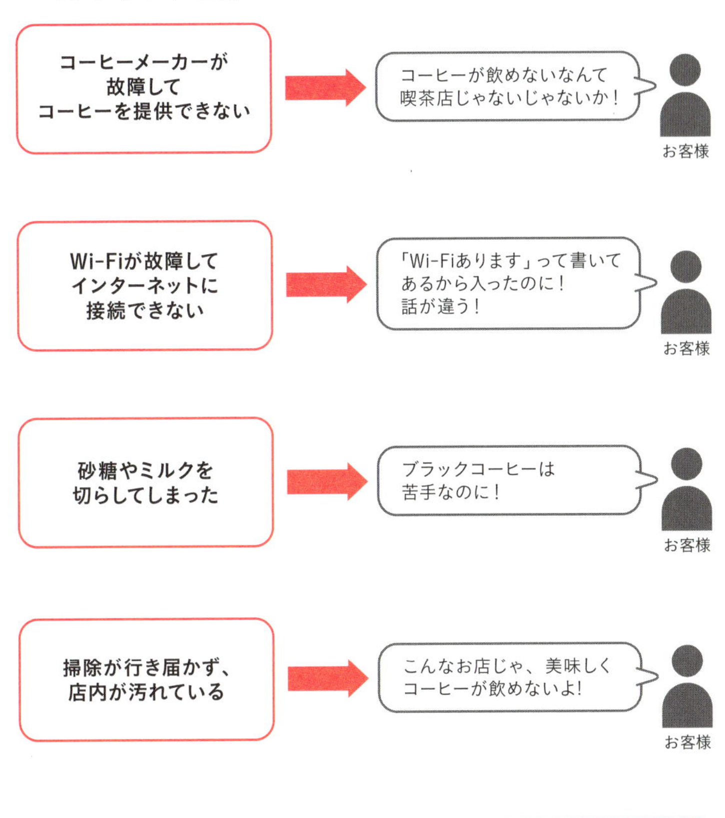
インシデントの例
コーヒーメーカーが
故障して
コーヒーを提供できない
コーヒーが飲めないなんて
喫茶店じゃないじゃないか！
お客様
Wi-Fiが故障して
インターネットに
接続できない
「Wi-Fiあります」って書いて
あるから入ったのに！
話が違う！
お客様
砂糖やミルクを
切らしてしまった
ブラックコーヒーは
苦手なのに！
お客様
掃除が行き届かず、
店内が汚れている
こんなお店じゃ、美味しく
コーヒーが飲めないよ！
お客様
「通常提供する」としているサービスの範囲や
品質を逸脱してしまうこと
＝
インシデント

図1 インシデントとは

問い合わせに答えられない!「FAQ」を作ろうよ!

喫茶店のウェイターのアルバイトを始めて2週間が経ちました。マスターに言われた通り、失敗しても「何が悪かったか」を振り返り、対応を考えるようにしたので、失敗も減った気がします。仕事もようやく慣れてきて、注文を取ったり、コーヒーやトーストを配膳したり、テーブルを片付けたりするのがスムーズにできるようになりました。でもみなさん、最近のウェイターの仕事ってそれだけじゃないんですよ。

客　「すみませーん、教えてくださーい」

ほらきた。たぶん、いつもの質問だ。

客　「**このお店ってフリーWi-Fiありますか?** あと、電源使えるテーブルってありますか?」

アキラ　「はい、電源が使えるのは、あちらの壁際の席のみとなっています。フリーWi-Fiもご利用になれます。接続用のIDとパスワードをお持ちしますね」

「喫茶」店だからといって、純粋にコーヒーや紅茶を飲みたいだけのお客様というのは、むしろ珍しい方です。
以前は本や新聞を読んだり、おしゃべりしたり…のついでに喫茶という人が多かったようですが、最近はパソコンを開いて勉強や仕事をする…ついでの喫茶が主流です。だから、ちゃんとパソコンやインターネットを使えるように対応することも、僕達のサービスの一つなんです。でも、この対応が結構時間がかかるんですよね。
そうそう、「結構時間がかかる対応」と言えば、メニューについての質問も、いつも同じことを聞かれて面倒なんです。

客　「あのー、ミックスサンドって何が入っているんですか？」
アキラ　「ハムとチーズとキャベツです」
客　「ふーん…。じゃあ、こっちのエッグサンドは？」
アキラ　「たまごとキュウリです」
客　「あ、パンってトーストされていますか？」
アキラ　「ミックスサンドは生です。エッグサンドはトーストします」
客　「じゃあ…、エッグサンドお願いします」
アキラ　「かしこまりました」

Wi-Fiのやりとりといい、メニューについての質疑応答といい、このやりとりをしている時間が減ればお客様も楽だし、僕達ももっと早くもっと多くのお客様の対応ができると思うんだけどなぁ…と思いながら、目の前の仕事に追われて毎日が過ぎて行きます。カオリ先輩とサクラ先輩は面倒じゃないのかなぁ。

ある日、2人にこの素朴な疑問をぶつけたところ、奥からマスターが出てきました。どうやら、僕の話を聞かれてしまったようです。

マスター「アキラ君の言う通り、うちはムダが多いかもしれないね」
サクラ　「確かに、同じ質問ばかりでウンザリすることってあるわね」
カオリ　「そうそう、1日何回同じ説明をしてるんだろうって」
マスター「ふむ。**アキラ君、どうしたらいいか考えてきて**」
アキラ　「…え？僕ですか？」
マスター「そう（＾＾）」
カオリ＆サクラ「わーい。アキラ君、頼むわね（＾＾）」

マスター達の笑顔には断れません…。

ITIL「要求実現」って何?

関連ページ …… P.208

お客様からの質問や簡単な依頼を、ITILでは「サービス要求」と呼びます。

サービス要求とは「何かの提供を求めるユーザーからの正式な要求。例えば、情報や助言、パスワードのリセット、新しいユーザーのためのワークステーションの設置の要求など」(出典「ITIL用語および頭字語集」)

サービス要求(質問や依頼)が発生するということは、お客様が満たされていないということです。

したがって、「いかに早く満足してもらうには何をすればよいか?」を考え、実現していくことで、お客様に価値を提供することができます。これを「要求実現」と呼びます。

また、サービス要求に対して、毎回対応方法を考えながら対応するのは、アキラ君が考える通り時間のムダですよね。したがって、以下のような工夫ができるでしょう。

○よくある質問には回答を準備しておく
○あらかじめ対応手順を決めて練習しておく
○要望が多い備品は在庫を用意し、すぐ出せる場所に保管しておく
○説明資料を作成して貼っておく

こうしておけば、サービス要求に対して個別に対応する必要はなくなり、要求実現をより効率化することができます(図2)。

余談ですが、何もかもがシステマチックに整備された「回転寿司」は、要求実現を追求した寿司屋の究極の姿と言えるかもしれませんね。

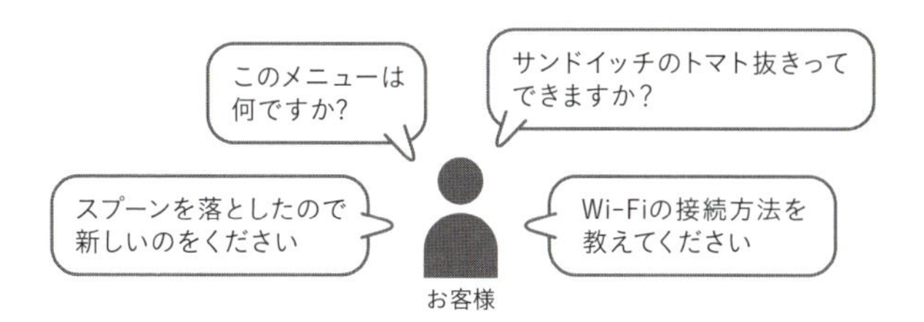

**様々なサービス要求に
個別に対応するのは非効率的**

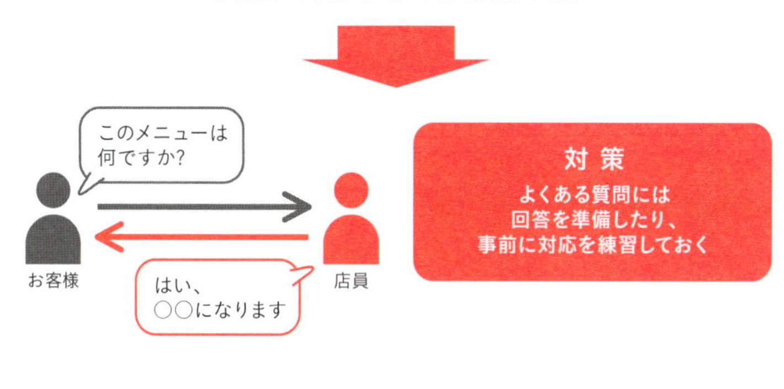

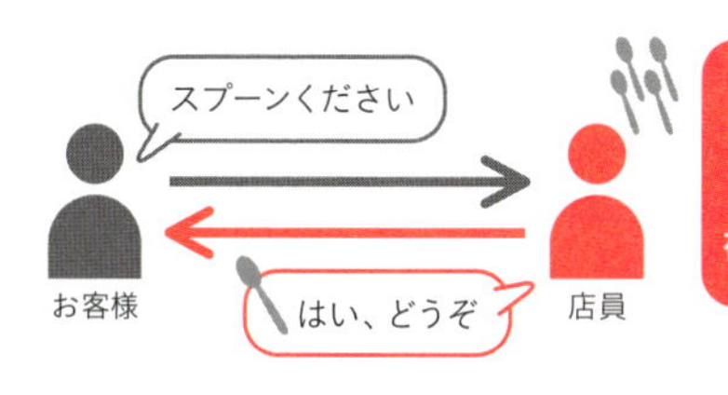

対 策

在庫をある程度用意しておき、
すぐ出せる場所に保管しておく。
在庫が切れた場合の対応も決めておく

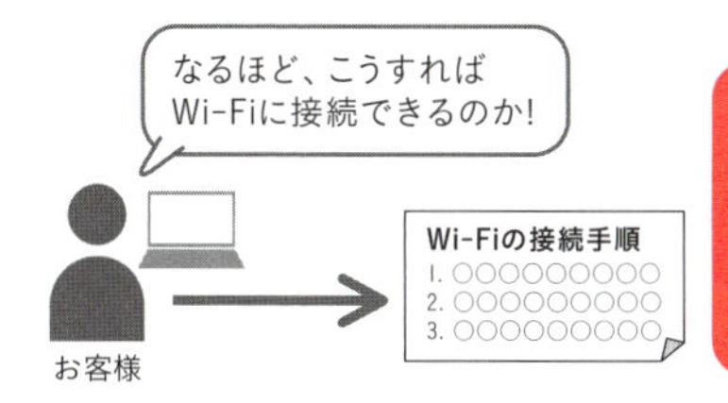

対 策

手順書を用意しておき、
わざわざ店員に質問しなくても、
手順書を読めば自分で対応できる
ようにしておく

図2 要求実現の例

レジが壊れている…

よくある質問に対するFAQをパソコンで作り、各テーブルに置いておいたら、質問が劇的に減りました。マスターもカオリ先輩もサクラ先輩も大喜び。僕もちょっぴり鼻が高いです。

カオリ　「アキラ君、ウェイターも慣れてきたみたいだし、そろそろレジやってみる?」
アキラ　「はい! カオリ先輩!」

こんなことを言ってくれるなんて、少しずつ僕の信用度も増したみたいです。実は僕、スーパーでレジ打ちのバイトをしたことがあるんです。カオリ先輩、感心してくれるかな?…なんて期待していたのも束の間、僕は窮地に立たされてしまいます…。

客　「ごちそうさまでした」
アキラ　「ありがとうございます。お会計は…あれ? あれれ?」
なんとレジの計算画面の数字が全部Eになっちゃいました。
アキラ　「カオリ先輩、何でしょう、コレ…?!」
カオリ　「ああ、またかぁ。これ、エラー(Error)のEよ」
アキラ　「エラーって…」
カオリ　「**このレジ、古くてよく故障するのよね**。はい、電卓。使ったことあるわよね。これで会計して」

左手に電卓を渡される。電卓を使うのって何年ぶりだろう…。

アキラ　「えーっと、ホットコーヒーとエッグサンドですね。あれ？いくらだっけ？」
カオリ　「金額覚えていないの？」
アキラ　「だ、だって、ウェイターのときは関係なかったし、レジが動いていたら商品の価格は登録されているから…」
カオリ　「まーったく。コーヒーが450円、エッグサンドが620円！」
アキラ　「ありがとうございます！ええと、合計1,070円だよな」
カオリ　「あと消費税！」
アキラ　「あっ！そうか！」
カオリ　「ほらほら、お客様が待ってらっしゃるわよ！」
アキラ　「そんなこと言われても…」

…こんな感じで、1日はあっという間に終わってしまいました。
毎回電卓を叩いて計算しなくてはいけないのが辛かったです。時間はかかるし、間違いも起こりやすいし…。しかも、間違うたびに最初から計算し直しなので、お客様は待たされてイライラ。何回「スミマセン」「申し訳ございません」と謝ったことか…。
大体、電卓だとレシートが出ないので、お客様に証拠として渡せません。レシートが欲しいお客様にはカオリ先輩が事情を説明して、領収書を手書きで発行していました。

アキラ　「カオリ先輩、レシートがないと、お店としても何がどれだけ売れたのか、集計ができなくなるから大変じゃないですか？」
カオリ　「だから、レジが壊れたらこれを使っているのよ」
カオリ先輩は、レジの下の引き出しから、得意げに1冊の大学ノートを引っ張り出しました。
カオリ　「時間のあるときに、この大学ノートに全部書き込んでいるの。ほら、今時間があるんだからやってみて。ホットコーヒー1つとエッグサンド1つだから、『HC1, ES1』」

なんか違う。すごいけど違う気がする。マスターに相談してみよう…。

ITIL「問題管理」って何？

関連ページ …… P.212

今回のお話で、アキラ君は「何か違う気がする」と感じたようですが、その懸念はもっともです。なぜなら、「会計ができない」というインシデントに対して、臨時の対応（応急処置）しかしていないからです。言い換えると、インシデント管理はできているが、それしかできていない、と言えます。

応急処置はもちろん大切です。しかし、この状況を続けているのは得策ではありません。根本原因を取り除き、恒久対策を打つべきです。ITILでは、インシデントの根本原因のことを「問題」と呼んでいます。

問題とは「1つまたは複数のインシデントの原因」（出典「ITIL用語および頭字語集」）

根本原因を取り除かない限り、インシデントは何度でも再発します。今回の例で言えば、古いレジが壊れ、電卓での会計となるたびに、お客様は待たされてイライラさせられます。もしかすると、その待ち時間のせいで、大事な約束に遅れてしまうかもしれません。したがって、しっかり調査してインシデントの原因を見つけ、解決策を適用して原因を取り除かなくてはなりません。

これを「問題管理」と呼びます（図3）。

今回の例ならば、「壊れやすい古いレジを使い続けている」のが根本原因ですから、早急にレジを買い替えるべきでしょう。

なお、厳密に言えば、「再発防止」だけが問題管理ではありません。まだインシデントが発生していない原因を事前に取り除いて予防することも、問題管理です。

今回の例で言えば、買い替えたレジを定期的に点検し、メンテナンスしてもらうなどの措置が考えられるでしょう。

「インシデント」と「問題」の関係

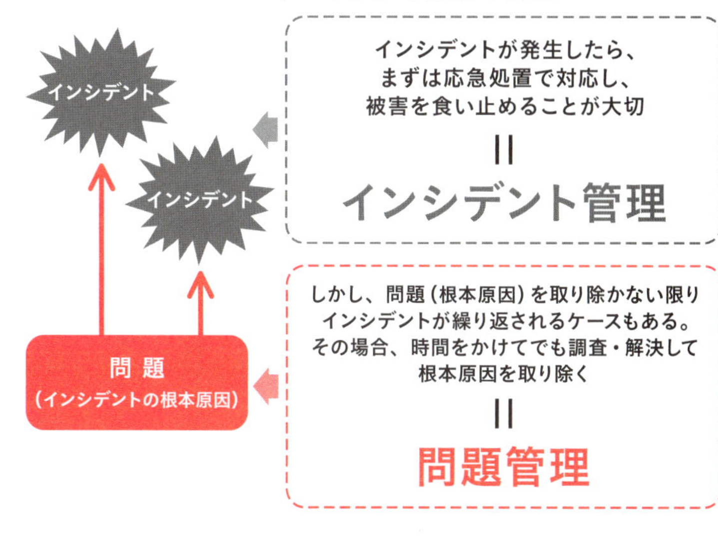

「再発防止」や「発生予防」も問題管理

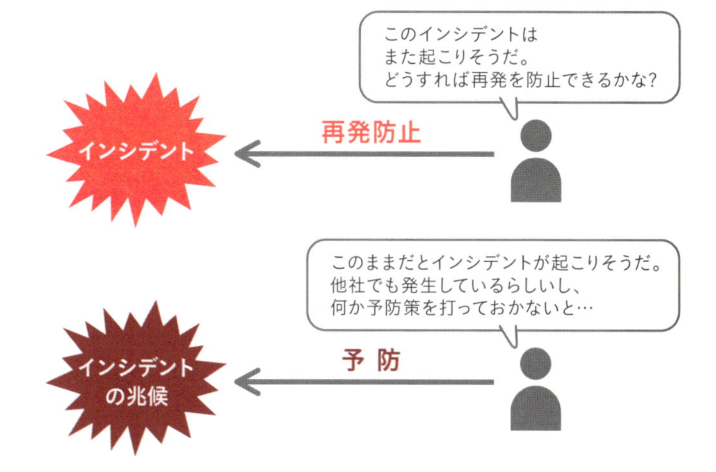

図3 問題管理

改善すればするほどトラブルが増える!?

レジのことをマスターに相談したら、さっそく新しいレジに買い替えることになりました。むしろ感謝され、「これからも気が付いたことがあればどんどん言って欲しい」と言ってもらえました。そう言ってもらえると、ますますやる気がわいてきます！

アキラ　「動線を考えると、ここのテーブルは窓際に移動した方が効率がよいと思うんです。変えてみてもいいですか？」
アキラ　「朝にコーヒーとエッグサンドを注文する人が多いので、モーニングセットに追加してはどうでしょう？」
アキラ　「アイスコーヒー用のコーヒーは、すぐに冷えた方がいいから、ボトルに入れたら冷蔵庫に入れておきましょう！」

改善できる部分はないか、という視点で見てみると、様々なことに気が付き始めました。マスターも先輩達も僕のアイデアを受け入れてくれて、どんどん改善を進めてくれます。これでお客様も増えて、売上が増えるといいなぁ。…しかし、そんな思いとはうらはらに、トラブルとクレームが倍増してしまいました。どどどどうしよう…。

山本　「うわっ、**なんでこんなトコにテーブルが移動しているんだ!?** ぶつかっちゃったよ！」
アキラ　「あ、山本先輩、すみません、フロアのメンバーの動線を考えて、昨日移動したんです」
山本　「ちゃんと言っておいてくれないと…。あたたたたた…」

動線を考えてテーブルを移動したのですが、それを知らなかった洗い場担当の山本先輩が、テーブルにぶつかってしまいました。しかも、トラブルはそれでは終わらなかったのです…。

アキラ　「ありがとうございました。モーニングセットBですね。あ、あれ？レジにモーニングセットBが登録されてない！」
客　「お会計まだですか？」
アキラ　「た、大変失礼しました。少々お待ちください。えーっと、モーニングセットBは700円ですね。お待たせしました」
客　「え？セットBは100円引きの600円ですよね!?」
アキラ　「あ！たたた、大変失礼しました！」

エッグサンドとコーヒーをセットにして、少しお得な「モーニングセットB」というメニューを作ったのですが、レジに登録しておくのを忘れていたのです。しかも、その金額をしっかり覚えていなかったので、危うく間違った金額で請求してしまうところでした。

マスター「アキラ君、ちょっと来て」
アキラ　「は、はい、マスター！」
マスター「君、さっきアイスコーヒー用のコーヒーを冷蔵庫に入れてくれたよね」
アキラ　「は、はい」
マスター「古い方ってどっち？」
アキラ　「え？…あれ？」

冷蔵庫にはコーヒーボトルが2本。一方が今朝作ったもので、もう一方がお昼前に作ったものです。先に作った方から使いたいわけですが、それがどちらなのかわからなくなってしまいました。

改善すればするほど、トラブルが発生して、てんやわんやです。これって、むしろ現場を混乱させてお客様に迷惑をかけているような気がします。むしろ、改善しない方がいいような気がしてきました…。

ITIL 「リリース管理および展開管理」って何?

関連ページ …… P.200

業務を改善することはとても良いことです。しかし、今回のアキラ君のケースは、アイデアが良くても、それを実際に進める方法に問題があったと言えます。例えば、テーブルの位置を変えたのであれば、そのことを全員にもれなく伝達すべきでした。そうすれば、山本先輩が知らずにテーブルにぶつかるということもなかったでしょう。

また、お客様が入店してからお帰りまでどのような過ごし方をされるのか、そのときの店員の動きとともに具体的にイメージしていれば、「代金を支払うときにレジを打つ必要がある」ということに気づき、事前にレジにモーニングセットBを登録できていたはずです。

さらに、コーヒーボトルの保管位置を変える際には、そのことを関係者に伝えておくべきですし、誰が見てもわかるように印などをつけておくべきだったでしょう（作った日時のラベルを貼るなど）。

ITILでは、このように変更する内容のことを「リリース」と呼び、そのリリースを、サービス運用中の現場に適用する活動を「展開」と呼びます。

たとえアイデアやそれに基づいて作ったモノ、改善したコトが良くても、実際に提供するときに失敗があっては元も子もありません。したがって、例えば次のようなことに気を付け、管理するべきです。

- ○新しいリリースが展開された際に何が起きるかをお客様と提供者の両方の立場で具体的に想定し、テストして失敗がないように準備する
- ○新しいリリースの内容や、いつ展開するかを関係者に伝えておく

このような取り組みのことを、「リリース管理および展開管理」と呼びます（図4）。

リリースとは「一緒に構築され、テストされ、展開される、ITサービスに対する1つまたは複数の変更」（出典「ITIL用語および頭字語集」）

展開とは「新規または変更されたハードウェア、ソフトウェア、文書、プロセスなどを稼働環境へ移行することを責務とする活動」（出典「ITIL用語および頭字語集」）

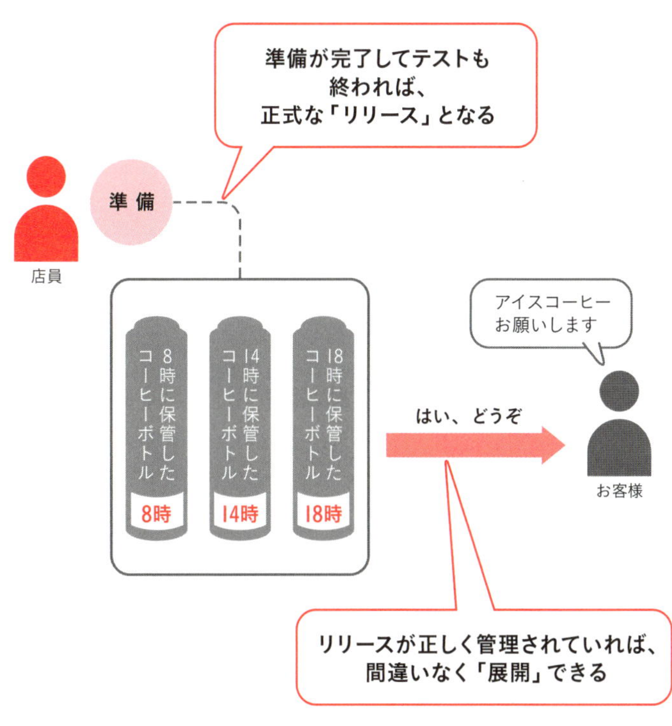

図4 「リリース」と「展開」

そもそもこれって変更してよかったの?

先日の「モーニングセットB」の反省を活かし、これからは新しいメニューを思いついたら、ちゃんとレジに登録するというルールが決まりました。また、変更したことがあれば、フロア担当のカオリ先輩とサクラ先輩だけでなく、マスターと洗い場の山本先輩にもちゃんと説明することにしました。そうでないと、また何かトラブルにつながりかねないからです。
さて、季節はだんだん秋めいてきました。あと1か月もすると、木枯らしが吹いてくるでしょう。

アキラ　「サクラ先輩、カオリ先輩、新しいモーニングセットを思いついてしまいました！名付けて『**モーニングセットC－とろけるチーズのあつあつピザトースト－**』！」
サクラ　「きゃ〜、なんだか美味しそう♪」
カオリ　「どんなトーストなの？」
アキラ　「厚めのトーストの上にピザソースを塗って、チーズをかけて、もう一度焼くんです。マスター、どうですか？」
マスター「チーズを溶けるくらい加熱するのはいいけど、ピザソースは朝から重いって言う人が多そうだな」
サクラ　「あー確かに。私も、朝だと注文しないかも」
アキラ　「なるほど。じゃあ、ハムチーズならどうですかね？」
マスター「ああ、ハムチーズだと豪華に見えるし、かといってピザトーストほど重い印象もないね」
アキラ　「やったぁ！マスター、さっそく試作してみてくださいよ」

マスター「よーし。じゃあ、作ってみるか」
カオリ　「やったぁ、試食試食♪」
アキラ　「サクラ先輩、カオリ先輩、その間にレジに登録しちゃいますね」
サクラ　「そうね、よろしくー」

そんなこんなで、僕のアイデアから生まれた新作「モーニングセットC－あつあつとろけるハムチーズトースト」は、お店の正式なメニューとなりました！嬉しいです!!
しかし、そんなウキウキ気分は長くは続きませんでした…。モーニングセットCをメニューに加えた数日後、洗い場の山本先輩からクレームが入ったのです。

山本　　「マスター、モーニングセットCは中止にできないっスか?」
マスター「どうしたんだい、山本君?」
山本　　「モーニングセットCができたっていうのは聞いていましたけど、チーズを焼くなんて聞いてないっスよ」
マスター「それの何が問題になるんだい?」
山本　　「溶けたチーズが皿にこびりついて、なかなか洗えないんスよ。そうじゃなくても朝は忙しいのに、これじゃあ洗い物が間に合わないっス」
マスター「ああ、なるほど…。確かに洗い物にまで気が回っていなかった。申し訳ないね。残念だが、モーニングセットCは中止にしよう」
山本　　「すみません、マスター。それからアキラ君、次回からは、メニューが決まってから決定事項を伝えるんじゃなくて、決めるときに呼んでくれないかな。そうすれば洗い場の立場から思いつくリスクも、そのタイミングで挙げられるからサ。せっかくの新メニューだったのに、悪かったな」
アキラ　「いえ、悪いのは僕の方です。ご迷惑をおかけしました」

ああ、僕の新メニューが…。

ITIL「変更管理」って何？

関連ページ …… P.196

今回のアキラ君は、決定した新メニューについて関係者に知らせ、しっかりレジへの登録も行っていました。つまり、リリースと展開の管理はしっかりできていたと言えます。

しかし残念ながら、その前の判断が甘かったようです。マスターやフロア担当の目線ではメニュー内容について検討できていたのですが、「洗い場」の山本先輩の意見を聞いていなかったのが問題になってしまいました。

今回のお話のように、サービスに関わる何かを変更すると、インシデントが発生するリスクが高まります。インシデントが発生してしまうと、お客様に迷惑がかかってしまい、せっかくのアイデアも台無しになってしまいかねません。

ITILでは、このようにサービスそのものやサービスに関わるものを変更することを、ずばり「変更」と呼びます。

変更とは「ITサービスに影響を及ぼす可能性のあるものを、追加、修正、または削除すること」（出典「ITIL用語および頭字語集」）

この「変更」をしっかり管理して、失敗しない（つまりインシデントを発生させてサービスを中断させない）こと、さらに、変更することで期待していた効果をしっかり実現できるようにすることを、「変更管理」と呼びます。

変更管理の基本として、「リリースを作って展開する前に、変更して良いかを複数の視点で話し合う」という点が挙げられます（図5）。この「複数の視点で話し合う」という点が大切です。立場の違う視点で吟味することで、リスクに気づいたり、より良い案にブラッシュアップしたりしやすくなるのです。

アキラ君達の話し合いの状況

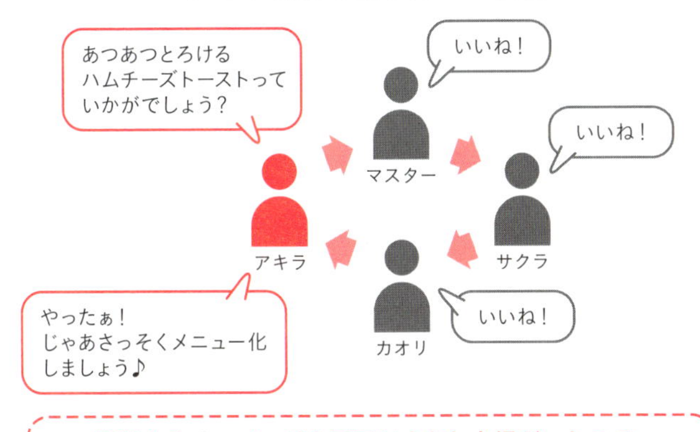

相談するメンバーが全員同じような立場だったので、欠点やリスクに気づくことができなかった

理想的な話し合いの状況

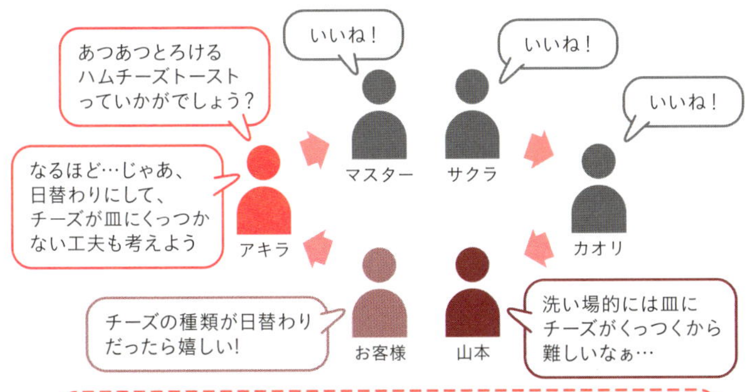

複数の立場のメンバーで相談することで、欠点やリスクに気づきやすくなり、リリースを展開する前に中止したり、より良い案にブラッシュアップしたりすることが可能になる

展開してからの変更はコストがかかり、顧客満足度も下げるので要注意!!

図5 変更前に「複数の視点で話し合うこと」が大切

棚卸をバージョンアップ!

マスター「アキラ君、サクラ君と一緒に在庫の棚卸をよろしく」
アキラ　「はい!」

うちのお店では、毎週末に在庫の棚卸をします。コーヒー、砂糖、パン、野菜などの食材や、レジの印字用紙やトイレットペーパー、洗剤などの備品を確認し、補充するかどうかを判断するためです。

サクラ　「レタスとハムが少し足りないわね。アキラ君、買い出しよろしくね」
アキラ　「え?そうですか?これで充分じゃないですか?」
サクラ　「少し足りないと思うわよ」
アキラ　「そうかなぁ。サンドイッチ用のパンの残量からすると、ちょうど同じくらい残っていますよ?」
サクラ　「あら?レタスとハムは、サンドイッチだけに使うんだったっけ?他にも使うわよ。思い出してごらん」
アキラ　「え、他にもありましたっけ…。あ、モーニングセットにレタスを添えたり、ピラフにハムを刻んで入れたりしていましたね…!」
サクラ　「当たり!というわけで、トータルで考えると結構いろんなところに使っているから、減りが早いのよ」
アキラ　「そうだったのかぁ…」
サクラ　**「単純な在庫の棚卸だと、見落としてしまう場合が多いのよね。**私やカオリは、経験から勘が働くんだけどね。あ、せっかくの機会だしさ、アキラ君みたいな新人でも見落とさないで済む方法を考えてみたら？」

アキラ 「…へ？僕が？」

サクラ 「そうよ。今までもいろんなアイデアを出してくれたじゃない。アキラ君なら、きっといい方法を見つけると思うわ」

なんだかうまく丸め込まれた気が…する…。

サクラ 「じゃあ、レタスとハムの買い出し、よろしくね。その間に、私は棚の整理しておくから」

おっとり癒し系だと思っていたサクラ先輩なのですが、どうもかなりのマイペースキャラだったようです…。

～1時間後～

アキラ 「マスター、教えてください…」

マスター 「アキラ君、どうしたの？」

アキラ 「サクラ先輩に、棚卸の見落としをなくすための方法を考えるように言われて…。でも、いくら考えてもわからないんです…」

マスター 「アハハ、サクラ君、スパルタ教育だね。じゃあ聞くけど、アキラ君はどうやって棚卸をしているのかな？」

アキラ 「どうやって、ですか？棚を見て、食材や消耗品の種類ごとにいくつ残っているかを数えています。で、残りが少なさそうだと思うものを買い足して、補充しています」

マスター 「ふむふむ。じゃあ、何をもって『残りが少なさそう』と判断しているのかな」

アキラ 「残りが1割くらいになったら…ですかね」

マスター 「それって、各品物単位で把握したり判断したりしているよね。そうじゃなくて、**逆の目線で管理するといいよ**」

アキラ 「『逆の目線』ですか…？」

マスター 「そう、要はお客様の目線ってことだよ。もっとわかりやすく言えば、メニューから遡る、ということだよね」

ITIL「構成管理」って何?

関連ページ …… P.203

さあ、マスターは、いったい何を伝えたかったのでしょうか。マスターが言った「メニューから遡る」というのは、実はサクラ先輩も実施していた方法です。

サクラ先輩は、「各メニューを構成する食材は何だろう?」と考えることで(つまり全体を見て)、どの食材がどれくらいの速度で使用されるかを判断していましたね(図6)。

このように、サービスを構成するもの(これを「構成アイテム」と呼ぶ)を管理することを、ITILでは「構成管理」と呼びます。

構成とは「連携してITサービスを提供する構成アイテムのグループ、またはITサービスの識別可能な一部分を指す総称」(出典「ITIL用語および頭字語集」)

構成管理では、次のような点に留意して構成アイテムをチェックします。

○各サービスの構成アイテムは何と何と何なのか
○構成アイテムと構成アイテムの関係はどうなっているのか
○各構成アイテムはどこにあるのか
○各構成アイテムの状態はどうなっているのか
○各構成アイテムを管理している人は誰か
○各構成アイテムの最新版やバックアップはどこにあるのか

これらの情報を維持・管理することで、常に最新のサービスの構成を把握するのが「構成管理」の役割です。

アキラ君の棚卸の仕方

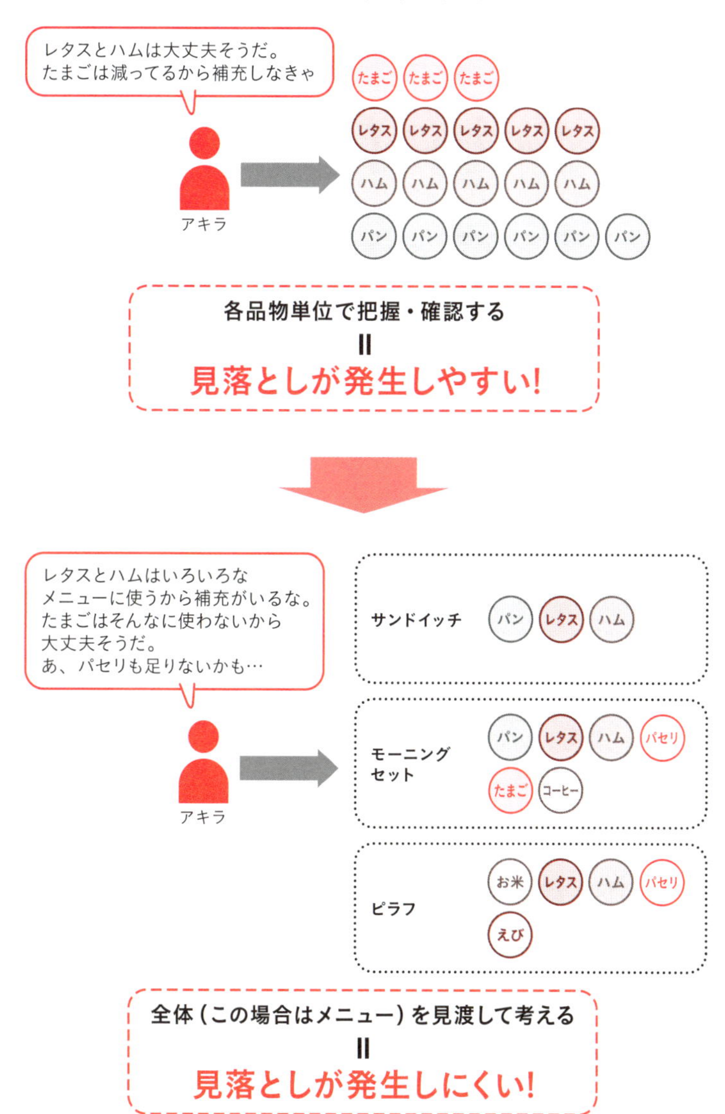

図6 メニューから遡る

大変！カオリ先輩が働けなくなっちゃった!!

カオリ　「キャーッ!!」

バッターン！ドンガラガッシャーン!!

サクラ　「カオリ?!」

アキラ　「だ、大丈夫ですか?!」

カオリ　「…いたたたたた。大丈夫…じゃない…かも…」

大変です！カオリ先輩が踏み台から転倒してしまったのです。病院に連れて行ったマスターの話によると、足首の捻挫で、2週間は安静が必要と言われてしまったとのこと…。
こうなったら、頑張ってカオリ先輩の分まで働かなくてはいけません。ところが…いざ仕事を始めてみると、単純に「一人分忙しくなっただけ」では済まなかったのです…。

サクラ　「アキラ君、レジで間違って会計を確定してしまった場合って、どうやって修正するんだったっけ?」

アキラ　「そ、それは…レジの詳しい使い方は、カオリ先輩じゃないとわからないです」

マスター「アキラ君、プリン・ア・ラ・モード作れる?」

アキラ　「まさか！それ、カオリ先輩スペシャルだから無理ですよ。確か隠し味とか、トッピングのコツとかがあったはず…」

マスター「だよね〜。しばらくメニューから外すか…」

アキラ　「レシートの紙がなくなっちゃった！ 確かレジの下に予備が…**あれ？ ない！**」
サクラ　「おかしいわね。マスター、レシートの紙、どこに保管してあるか知りませんか？」
マスター「ええと、どうだったかな。確かカオリ君は、いつもレジの上の棚に小物をまとめて入れていたような…」
アキラ　「あ、ほんとだ、あった！」
サクラ　「よかった〜。でも､残り3本しかないけど週末まで足りるかしら？」
アキラ　「1週間で何本くらい使うんでしょうね…。レジ関係はカオリ先輩に任せっきりだったからなぁ」
マスター「せめて、今週は今日までにどれくらい使ったかがわかれば予測できるんだけどねぇ…」

そうなのです。カオリ先輩しか知らないことが思いのほか多く、備品を探すのに手間取ったりして、いつも以上に負担が増えてしまいました。しかも、お客様にいつも通りのサービスを提供できないことも増え、クレームが入ることもしばしば…。

サクラ　「今日、仕事帰りにカオリのお見舞いに行くんだ。そのとき、今日わからなかったことを確認してくるわね」
アキラ　「サクラ先輩、よろしくお願いします」
マスター「サクラ君、頼んだよ〜」

しかし今回のことって、カオリ先輩に限ったことではないなぁ、とつくづく思います。もしマスターが倒れたら…コーヒーの入れ方も、サンドイッチやピラフの作り方も誰も教わっていないし、倉庫の鍵の暗証番号も知らないし、何もできなくなるだろうなぁ。あ、そのときはお店も休みになるからいいのかな？ でも、サクラ先輩や洗い場の山本先輩とかに何かあったらどうだろう…そういえば僕、洗い場ってどんな仕事をするか全然知らないや。こういうのって結構ヤバい気がする…。

ITIL「ナレッジ管理」って何?

関連ページ …… P.205

「ナレッジ」とは、「知識や経験」を指します。

> ナレッジとは「個人の暗黙の経験、アイデア、洞察、価値、および判断から構成される。人々は自分自身および同僚の専門能力、ならびに情報(およびデータ)の分析からナレッジを得る。これら要素の統合によって、新しいナレッジが創出される」(出典「ITILサービスとトランジション」)

ナレッジ、すなわち知識や経験の豊富な人は、能力が高い人だと言えます。能力が高い人が多いほど、組織の力も高まります。しかし、組織としてサービスを提供する環境においては、「能力が高い人を増やす」だけでは不十分です。

今回のお話で言えば、カオリ先輩が怪我をして働けなくなったことで、喫茶店のサービスの質が落ちてしまいました。でも、誰が休んでいても、お客様からすればその組織(喫茶店)が「いつも通りのサービスを提供してくれる」と期待しているわけで、その期待に応えなければなりません。

そこで必要となるのが、組織としての「ナレッジ管理」です。つまり、各自のナレッジを普段からみんなで共有することにより、組織としてのナレッジにしていくことを目指すのです。そうすれば、「カオリ先輩じゃないとわからない」というような、いわゆる「属人的」な事柄を減らすことができ、お客様に安定的なサービスを提供できるようになります。また、ナレッジを共有して、お互いに自分のナレッジを掛け合わせれば、新たなアイデアを生み出す可能性も高まります。

ナレッジ管理は、人類の起源であり、人類進化のイノベーションの源泉とも言えるのです(図7)。

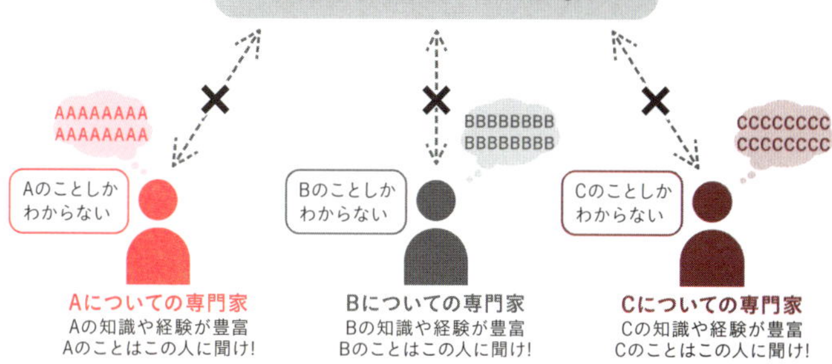

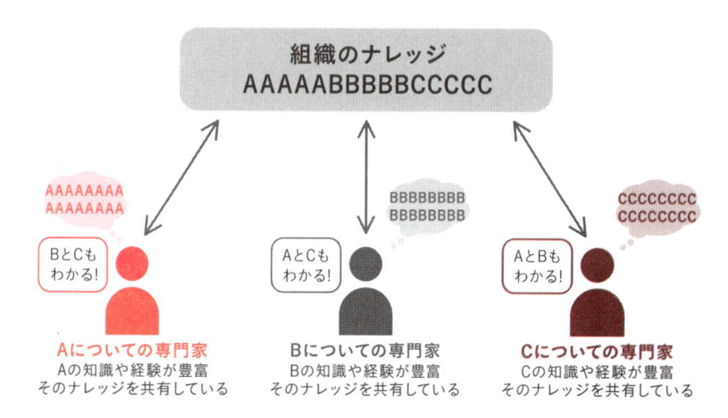

図7 ナレッジ管理の効能

そして1年後 ～成長したアキラ君～

教授　「マスター、居心地の良い喫茶店になったね」
マスター「ありがとうございます、教授」
教授　「アキラ君も、おかげさまで随分成長したよ」
マスター「彼は優秀でしたよ。貢献的で、問題意識が高く、何事もどんどん吸収してくれて頼もしかったです」
教授　「うん、後輩の面倒見もすごく良くなったしね」
マスター「それは、サクラ君とカオリ君の影響かもしれないですね。ふふふ」
教授　「ははは。彼女達には本当に毎回頭が上がらないよ。また新しい学生が入ったら、修行をお願いしてもいいかな」
マスター「ええ、もちろんです。アキラ君のおかげでかなり改善できましたが、まだまだいくらでも改善の余地はありますし、メンバーが変われば新たな問題点も見つかるでしょうしね」

実は、アキラ君が所属する大学の研究室の教授は、この喫茶店のマスターと昔からの知り合いです。そして、研究室に新しい学生が入ってくるたびに、この喫茶店にアルバイトに入るように勧めている張本人が、この教授だったのです。

教授　「研究のことしか興味を持たない研究者は、よっぽどずば抜けているか、運がよくないと成功しないからね」

これが、教授が学生達をこの喫茶店に送り込む理由です。

教授　「社会を知ること。広い視野で、様々な角度から物事を見ること。他の人と協働して何かを成し遂げること。これらをなるべく早い時期に経験させたい。**それが、これからの長い研究生活の大切な糧となるから**」

教授はこのように考えているのですが、実際アキラ君は、喫茶店での1年間のアルバイト生活の中で、多くのことを学びました。

○お客様が求めていることは何かを意識し、それを提供するためにできることを考えること
○「自分は精一杯頑張っている」だけではなく「組織としての価値を上げるには？」も考えること
○関係者の様々な意見を聞くと、自分だけでは思いつかなかったことに気づくことができるということ
○物事をスムーズに進めるには、コミュニケーションが大切だということ

教授によると、今やアキラ君は、産学共同プロジェクトの主力メンバーとして活躍するなど、研究の成果を上げ始めているようです。また、後輩の面倒見もよく、「頼りがいのある先輩」として、研究室の精神的な支柱になっているそうです。

喫茶店と大学の研究室では全く環境が異なりますが、それでもその考え方に共通項は多々あります。研究データのバージョン管理、実験結果の共有・管理などには、喫茶店の経験が大いに生きていることでしょう。

アキラ君の研究人生は始まったばかりです。その人生がより豊かに実りあるものとなるよう、教授とマスターは見守り続けるつもりです。

ITIL この章のまとめ

この章では、右ページの太い点線で囲った7つの管理について解説しました（図8）。

アルバイト初日、アキラ君は、自分の仕事をこなすことで精一杯で、お客様目線で考えることができませんでした。「砂糖がなくて困っている。今すぐ砂糖が欲しい」というお客様に対して、砂糖を倉庫まで探しに行ってしまい、お客様を怒らせてしまっていましたね。これは、「いかに迅速に対応して元の状況（困っていない状況）に戻すか」という**「インシデント管理」**ができていなかったためです。

またこの喫茶店では、レジが動かなくなったときに電卓を使うという暫定対応をしていました。これも必要な措置ではありますが、暫定対応では再発を防げないので、アキラ君が疑問を抱いていましたね。アキラ君の疑問はもっともで、どこかのタイミングで根本原因を調査し、抜本的な解決策を検討しなければなりません。これがインシデントの発生や再発を防ぐための**「問題管理」**です。

なお、根本原因がわかった場合は、その対策を打つべきかどうかの吟味が必要です。例えば、あるパーツがレジの故障の原因だったとして、そのパーツを製造元から購入するには、レジ1台を買い替えるのと同じ金額がかかるとしたら、どうしますか？「新しいレジに買い替える」という選択肢ももちろんアリですし、もしそのレジがアンティークなデザインで、アンティークな店内に合っているのだとしたら、高くても修理の方が良いかもしれません。このように複数の角度からの判断が必要となります（**「変更管理」**）。

もし「変更する」と判断した場合は、失敗なくその変更を実施する必要があります。パーツを作業予定日までに入手し、しっかり修理し、動くかどうかのテストを何度か行って確実に使えるようにする、などです（**「リリース管理および展開管理」**）。

喫茶店では、日々お客様からのお問い合わせや要求も多々あります。アキラ君は、よくある質問に対するFAQを作り、お客様も従業員も楽になるような工夫をしていました。これが**「要求実現」**です。また、これらの作業をスムーズに進めるには、どこに何があるのか、サービスを構成するものの情報を管理する**「構成管理」**はもちろん、経験やノウハウなどの知識を共有・管理する**「ナレッジ管理」**も重要です。

このような「管理をする」という目線を持つ経験を通して、アキラ君は大きく成長することができました。その経験が、研究の分野にも活かされているのでしょうね。

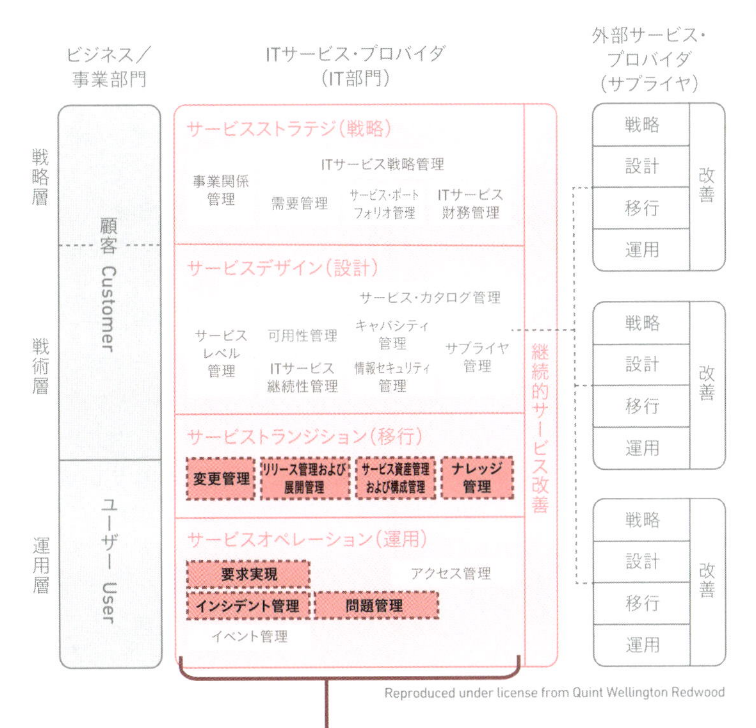

図8 この章で解説したこと

コラム 「くしゃみの対処」でわかるITIL?

「インシデント管理」はインシデント(お客様がサービスを使えない状況)が発生した際に、速やかな復旧を目指して管理すること、「問題管理」は、インシデントの根本原因を取り除き、再発防止を目指して管理することでした。
「インシデント管理」と「問題管理」の使い分けは一見難しそうですが、実は、私達の普段の行動で、まさしくインシデント管理と問題管理になっているものがあります。
それは「病気の対応」です。
みなさんはくしゃみが1回出たら、病院に駆け込みますか? おそらくそれはないですよね。きっと、「今日はちょっと寒いからかな」「誰かが噂しているのかも」程度で済ませることでしょう。1〜2日程度くしゃみが続いたとしても、せいぜい暖かくして寝たり、市販の薬を服用する程度で済ませる人が多いのではないでしょうか。
これはまさしく「インシデント管理」です。わざわざ病院に行って検査してもらうのは時間とコストがかかりますし、ちょっとしたくしゃみ程度なら、数日経てば治ってしまうことも多いからです。
一方で、どうしても症状が治まらなかったり、発熱したりして日常生活に支障が出るようになったら、病院に行って検査してもらい、適切な処方をしてもらうことでしょう。これが「問題管理」です。
病気の対応を考えてもわかる通り、インシデントと問題を「1:1」で対応していると、いくら時間があっても足りません。だからこそ、インシデントと問題をバランスよく管理することが大切になるのです。

Chapter

04

Case Study 4

メーカーにITILを導入したらどうなる？

～下町おもちゃ工場が一発逆転！～

ビジネス／事業部門
ITサービス・プロバイダ（IT部門）
外部サービス・プロバイダ（サプライヤ）

戦略層
戦術層
運用層

顧客 Customer
ユーザー User

サービスストラテジ（戦略）
事業関係管理
ITサービス戦略管理
需要管理
サービス・ポートフォリオ管理
ITサービス財務管理

サービスデザイン（設計）
サービス・カタログ管理
サービスレベル管理
可用性管理
キャパシティ管理
サプライヤ管理
ITサービス継続性管理
情報セキュリティ管理

サービストランジション（移行）
変更管理
リリース管理および展開管理
サービス資産管理および構成管理
ナレッジ管理

サービスオペレーション（運用）
要求実現
アクセス管理
インシデント管理
問題管理
イベント管理

継続的サービス改善

戦略
設計
移行
運用
改善

戦略
設計
移行
運用
改善

戦略
設計
移行
運用
改善

この章で解説するのは全体に共通の「管理」の進め方！

絶え間ない お問い合わせとの闘い

僕が働いている「細野製作所」は、ぬいぐるみやブリキのロボットの製作から始まった下町のおもちゃ工場です。最近ではソフトウェアも組み込んで、メッセージを再生したり動いたりする玩具用ロボットの製作も手掛けています。その技術力の高さで、小さいながらも業界では結構有名な企業で、商品は日本中の玩具店やデパートに卸されています。自分の開発した商品が店頭に並ぶ日を夢見て、今は修業中の身です。

さて、技術力が高いからと言って全てが完璧ではないのが世の常で…。最近はお客様からのお問い合わせ対応で多忙な日々を送っています。

商品に関する問い合わせは、基本的には販売店舗が対応してくれていますが、少し難しくなるとメーカーである細野製作所の技術部に連絡が回ってきます。特にソフトウェアの組み込みが始まってからは、販売店舗での対応は難しいため、お問い合わせ、不具合報告、クレーム、質問、機能追加要望など、様々な連絡が絶え間なく入って来るようになりました。もちろん「メーカー責任」があるので、一つ一つ丁寧に対応し、顧客の不満と疑問を解消しようと日夜努力しているのですが、本当にキリがありません。

僕　「はい、もしもし。細野製作所です。はい、はい…。ヤマさん！ロボット購入のお客様からのお問い合わせです。ロボットの背面にある液晶パネルに文字が表示されないらしいです」

ヤマ「それだけじゃわからないな。電話回して! こっちで対応するよ」
僕　「XX堂から電話です。不具合が見つかったそうです」
ヤマ「またかーーー!」

「ヤマさん」こと先輩の山本さんも、引っ切りなしにかかってくる電話にイライラモード。申し訳ないと思う間もなく、電話が鳴り、今度は隣に座っている同僚の佐藤君が電話を取ります。

佐藤「はい、はい…ヤマさん、先週金曜日にお問い合わせがあったロボットの異音の件、どうなったか催促のお電話が来ていますが…」
ヤマ「あ! 忙しくてすっかり忘れてた!『今調査中で明日には回答できるはずです』って答えておいて!」
佐藤「ええっ!?」

商品が売れれば売れるほど、問い合わせ件数が増えている気がするのですが、商品のサポートは基本的にお金をいただけません。そうなると、担当者を増やすわけにもいかず…結局、商品を開発した担当者が電話対応をして忙しくなり、新しい商品の企画や開発になかなか時間が割けないという状況です。新入りの僕や佐藤君は、先輩達のためにもなるべく最初に電話に出るように心がけています。

ゲン「『開封して遊ぼうと思ったけど動かない』だと!? **あんたちゃんと説明書読んだ?** 最初に1時間充電って書いてあるでしょ!」
僕　「ちょ、ゲンさん、お客様に失礼ですよ。電話代わってください! 大変申し訳ございません。はい、はい…」

もう一人の先輩、「ゲンさん」こと玄田さんは根っからの技術者…というか職人で、言葉がキツいので、うっかりお客様からの電話に出てしまうとこの通り。最近はインターネットで悪い噂はすぐ流れるから、本当にヒヤヒヤします。ゲンさんには、そういう意味でも、ぜひとも商品の開発に専念してもらいたいところです…。

ITIL 「サービスを管理する」という考え方

「ものづくり大国日本」と言われてきた日本にはメーカーが多く、開発・販売した商品のサポートという観点で、高品質な「サービス」を提供している企業が非常に多いです。「おもてなし」という言葉からもわかるように、相手やお客様の気持ちに立って、喜んでもらえるモノやコト（経験や感動）をお届けしようという考え方はまさしく「サービス」マインドであると言えます。

しかし、そのサービスマインドが個々人に委ねられている場合、サービス品質にムラ（ばらつき）が出てしまうので、お客様からすると「サービス品質が低い」という評価になってしまいます（図1）。実際、「対応する人によってサポートの仕方や品質が異なる」「同じ人がサポートしていても、そのときの気分で対応が違う」「改善活動が場当たり的で一貫性がなく、中長期の展望に基づいた計画的な活動ではない」というケースは多いようで、このような状態では「組織として」サービスを提供しているとは言えません。

では、このような対応のばらつきは、なぜ起こるのでしょう。原因としては、以下のようなことが挙げられます。

- 対応の仕方が決まっていない（個々人に委ねられている）
- 役割分担が明確ではない
- 情報やノウハウを共有していない
- 自転車操業で、現状を認識したり、ましてや将来の目標を設定したりするような余裕がない

組織として安定的なサービスを提供するのは難しいですが、だからこそ大切でもあります。そのために必要となるのが、「サービス」を「管理する」、すなわち「サービスマネジメント」という考え方です。

「個人」として良いサービスを提供するのは比較的簡単

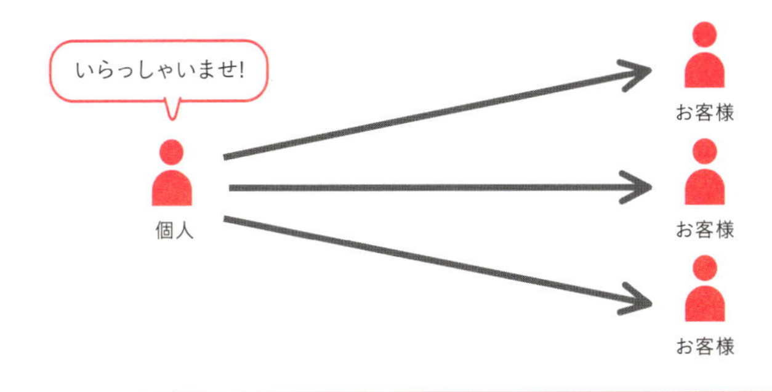

**同じ人が対応するので、対応の仕方や品質は大体同じ。
また、顔が見えていると「自分と同じ人間」と認識するので、
少しくらいのばらつきは「人間味」として容認されることもある**

「組織」として良いサービスを提供するのは難しい!

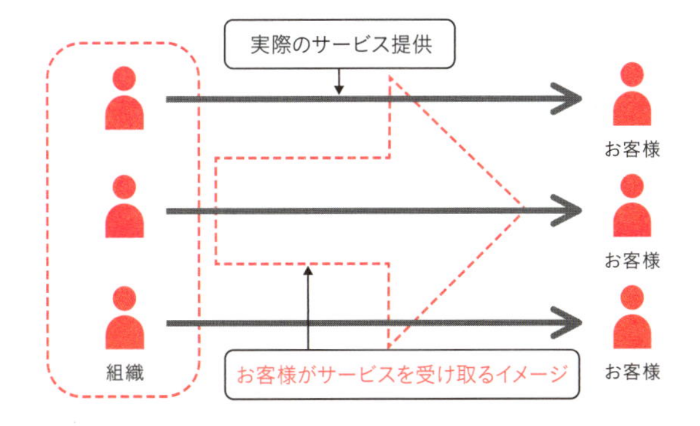

**実際は複数名で対応していても、お客様からすると「一つの組織（一人の法人）からサービスを受けている」という感覚なので、ばらつきが大きいと不満を感じる。
また、顔が見えないと「同じ人間だから容認する」という感覚が下がる**

図1　「組織」として良いサービスを提供するのは難しい

ITIL 嵐を呼ぶ男登場!?

ある朝、社長が「重大発表がある」と言ってみんなを集めました。

社長　「こちら、神無月 創（かんなづき はじめ）君だ。これまで、いくつものメーカーで赤字からのV字回復を実現してきた経験を持つ、組織改革のプロだ。細野製作所は赤字にこそなっていないが、みんな残業が多くて疲れ切っている。これでは新商品のアイデアなんて出てこないし、社員が疲弊する一方だ。そこで神無月君の力を借りようと思い、来てもらった」
神無月「神無月です。よろしくお願いします」

なんだか面白そうな人がやってきた…と思うのだけれど、先輩達は胡散臭そうに遠巻きに見ています。
ヤマ　「組織改革のプロ？ うちの仕事を何も知らないのに、改革なんてできるのかねぇ？」
ゲン　「本当だよ。余計な仕事が増えるんじゃないの？」
…もちろん、直接本人にそんなこと言う人はいないですけどね。

社長からの紹介のあと、神無月さんは職場のフロアをぐるっと見回し、目の合った僕に近づいてきました。
神無月「はじめまして。君は、ここに入ってどれくらい？」
僕　「は、はじめまして、僕、出雲と言います。配属2年目です」
神無月「じゃあ、ここの仕事は一通り知っているよね。業務内容を私に説明してもらえるかな」
そんなわけで、白羽の矢が立った（？）僕が、神無月さんを連れて一つずつ業務を説明して回ることになったのでした。
職場見学が一通り終わったあと、神無月さんはしばらく腕組みをして考え込んだあと、ゆっくりと話し始めました。

神無月「今のままだと、細野製作所はこれ以上成長しないな。何と言っても、**お客様対応のレベルが低い**。ここを改善しないと、今後の成長はない」
僕「そ、そんな…！ みんな必死に頑張っていますよ…！」
神無月「みんなが頑張っているのはわかる。それは否定しないよ。でも一人一人が頑張っているだけでは、ただ疲弊するだけで終わってしまう。働きやすく、利益も出る体質の企業にしていくことが大切なんだ。そして、その仕組みを作っていくのが私の仕事なんだよ」
僕「で、でも、いったいどうやって…？」
神無月「まずは、お客様から商品のお問い合わせやクレームがあった場合の対応の流れ、つまり『プロセス』を整備する」
僕「プロセス…？」
神無月「例えば君は、問い合わせにどんな風に対応している？」
僕「どんな風にって…。ええと、そうですね…。まず、なるべく僕が電話に出るようにしています。お客様のご用件を伺って、商品についての簡単な質問とか、僕が答えられるものは自分で対応していますね」
神無月「ふんふん。それから？」
僕「先輩が直接電話に出ることもあります。そのときは、先輩が全て対応します」
神無月「なるほどね。難しい質問の電話を君が受けた場合は？」
僕「その商品の担当の先輩に電話を転送しています。主に技術的な質問やクレームですけど、それは僕ではわからないので」
神無月「ふむふむ。なるほど。じゃあ、いま君が説明してくれた内容を、一度図にまとめてみようか」

ITIL

【プロセスを定義する①】「プロセス」とは?

「プロセス」とは、簡単に言えば仕事の流れです。前回お話しした通り、「組織として」サービスを提供するためには、例えばお客様からのお問い合わせへの対応であれば、その対応プロセスを洗練されたものにし、全員同じプロセスで動くようにしなければなりません。これを「プロセスを標準化する」と言います。

なお、誤解されていることが多いのですが、プロセスとは、取扱説明書やマニュアルのように、一つずつ細かく何をするかを定めた「手順」のことではありません。そうではなく、どのような活動を行うかという「大きな流れ」をまとめたものを指します。

細野製作所ではお客様からのお問い合わせにどのようなプロセスで対応していたのでしょうか。出雲君の説明からまとめてみましょう。

説明①：なるべく出雲君が電話に出て、自分が答えられる質問であれば自分で対応する
説明②：先輩が電話に出た場合は、その先輩が全て対応する
説明③：技術的な質問など、出雲君が答えられないものは、商品担当の先輩に電話を転送して対応してもらう

この出雲君の説明①～③を図で表すと、図2のようになります。電話を受け付けた人や状況によって対応が3つに分かれていて複雑ですね。また、人が増えるごとにプロセスが増えてしまうので、ばらつきが多くなり、組織として管理できないという点も問題です。

そこで、説明①～③を1つにまとめてみます。すると、図3のようになります。これだと、随分スッキリしましたね。

こうやってまとめたものが、細野製作所の「お問い合わせ対応プロセス」ということになります。

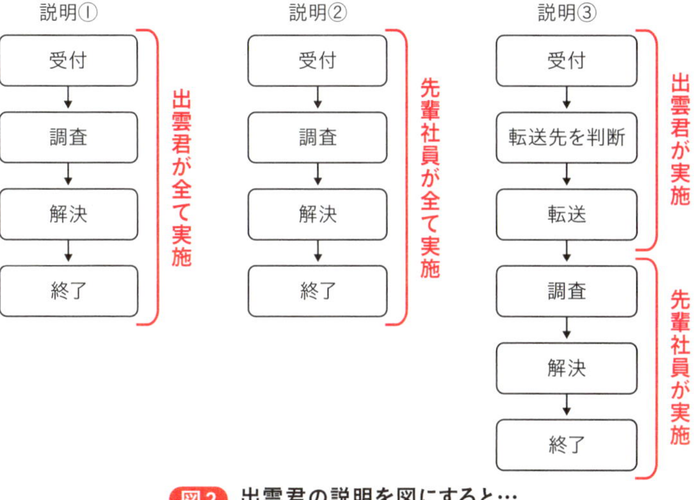

図2 出雲君の説明を図にすると…

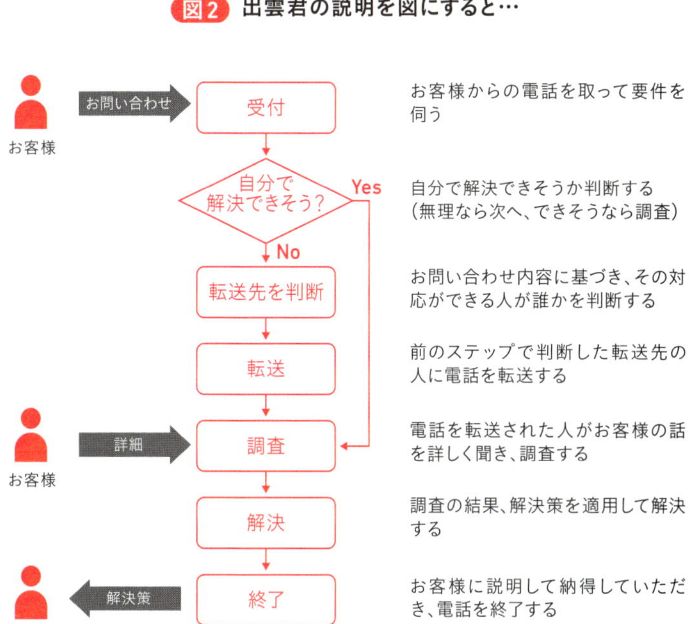

図3 整備されたお問い合わせ対応プロセス

どうすれば もっと良くなるだろう?

僕　「へぇ～。プロセスってこういうものを言うのかぁ。意外と簡単ですね。細かくないというか」

神無月　「そう。プロセスは手順じゃないからね」

僕　「あと、誰が対応するのかは書かないんですね」

神無月　「良いところに気が付いたね。そう、『誰がするか』はいったん置いておいて、**まずは『何をするか』をまとめるんだ**」

僕　「なるほど、それがプロセスをまとめるコツなんですね」

感心しきりの僕に、神無月さんが新たな質問を投げかけました。

神無月　「出雲君に聞くけど、このプロセス通りに動いていない同僚や先輩はいるかな？」

僕　「この通りじゃない人なんているかなぁ」

神無月　「例えば君は、２つ目のステップで『自分で解決できそう』かどうかを判断しているよね。みんな君と同じかな？」

僕　「あ、同僚の佐藤君は、電話に出ても自分では対応せずに、先輩に電話を転送しています。簡単なことなら自分で対応すればいいのに、と思ったことは何度かあるかも…」

神無月　「ふむふむ。佐藤君は、もしかすると善かれと思ってそうしているのかもしれないね」

僕　「善かれと思って？」

神無月　「そう。未熟な自分が対応するよりも、詳しい先輩に転送した方が早いし、間違いがない、と」

僕　「なるほど…。もしそうなら、悪い考えじゃないですね」
神無月　「悪い考えじゃないけど、もっと良い方法はあるよね」
僕　「え？」
神無月　「彼が自信を持って自分で対応できるようにするには？」
僕　「ええと…、あ、そっか！簡単なお問い合わせについての回答集を作っておけばいいのかな？」
神無月　「そういうことだよ。出雲君、なかなかセンスがあるね」
僕　「いえいえ、それほどでも。えへへ」

ちょっぴりいい気分の僕。でも、神無月さんの質問は続きます。

神無月　「じゃあ、次の質問だ。最近、お問い合わせ対応で失敗したことや困ったことはなかったかい？」
僕　「…ええと、受け付けたお問い合わせをすっかり忘れていた、というのがたまにありますね」
神無月　「それはなぜ起きるかわかるかな？」
僕　「なぜって…、他の仕事が忙しくて、うっかり忘れていたから…」
神無月　「忙しいから忘れても仕方ない、ということにはならないよね。お客様からすれば、とても失礼な対応をされたということになるし」
僕　「それはそうです…」
神無月　「人間だから、忘れるのは仕方がないかもしれない。でも、忘れないようにする方法はないだろうか？考えてごらん」
僕　「どこかにメモを貼っておく…とか？」
神無月　「そう、その通り！まずは電話を受けたときにメモに書き留める。電話を転送するときは、そのメモも一緒に渡す。受け取った側は、メモを見える所に貼っておく。…ということを決めておけば、忘れることはなくなると思わない？」
僕　「なるほど…。それなら失敗も減りそうです」
神無月　「そうだよね。**失敗が少なく、効率的になるようなプロセス**を決めて、みんながそのプロセスの通りに動けば、仕事もしやすくなるし、お客様の満足度も上がるんだ」

【プロセスを定義する②】
プロセスを洗練させる

プロセスを洗練し、理想的なプロセスを作るには、そもそも何のためにそのプロセスを実施するか、つまり「目的」を決めておくことが大切です。

今回のお話のように、お問い合わせへの対応プロセスであれば、目的は「迅速にお問い合わせを解決すること」となるでしょう。「この目的のために工夫できることは何だろうか」「今できていないことは何だろうか」と、考えていくと様々なアイデアが出てくるはずです。

例えば今回の例では、以下の2つが話題に挙がっていました。

話題①：電話を何でも先輩に転送してしまう人がいる
話題②：忙しいときは、対応するのを忘れてしまうことがある

話題①への対策としては、回答集（FAQ）を作り、電話を受けた人が確認・回答できるようにしました。いちいち電話を転送するより、この方が素早い対応が可能になりますね。

また話題②への対策としては、「電話を受けた人がお問い合わせ内容をメモに記録する」「電話を転送するときにはメモも一緒に渡す」「転送を受けた人は、メモを見える所に貼る」ということが決まりました。これなら、「対応忘れ（＝解決までに時間がかかりすぎる）」という事態を防ぐことができそうです。このように、「迅速にお問い合わせを解決すること」という目的に合わせ、プロセスを洗練させていくことが大切です（図4）。

他にも、「インプット（プロセスに入ってくる入力情報）とアウトプット（プロセスから出て行く出力情報）」「測定項目（問い合わせ数、平均対応時間など）」などを定義しておくと、より洗練されたプロセスにすることができます。

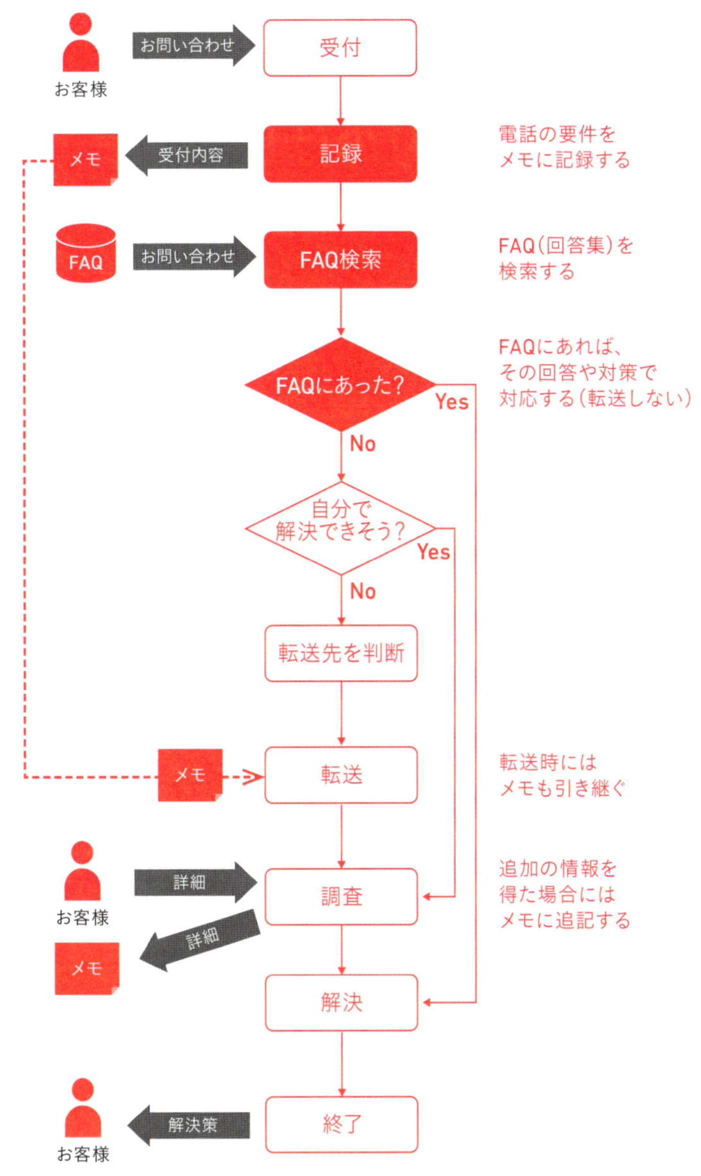

図4 より洗練されたお問い合わせプロセス

はじまりのはじまり

神無月　「さて、これでようやくプロセスを定義できた。次にこれをみんなに説明して、全員このプロセスで仕事をしてもらうようにしなくてはいけない」

僕　「いきなりですか？そ、それは無理なんじゃないかと…」

神無月　「どうして？」

僕　「だって、まだたった2年目の僕と、うちに来たばっかりの神無月さんの2人だけで考えたプロセスですよ？その通りに仕事をするようにって言っても、誰もついてきてくれないと思います。それに、本当にこのプロセスが最適なのかもわからないですし…」

神無月　「ふむ。じゃあ、どうすればいいと思う？」

僕　「ど、どうすればって…」

神無月さんは、どうも僕を試しているようです。だけど、どうすればいいかなんて、そんな簡単には思いつきません。

神無月　「社長に『社長命令』として発表してもらえばいいかな？」

僕　**「それはだめだと思います！」**

神無月　「ほう、どうしてだい？」

僕　「うちの会社は、社長が命令してみんなが従うような、そういう社風じゃないんですよ。むしろ、ゲンさんとかヤマさん…あ、玄田さんとか山本さんのような古株の技術者がウンと言えば、みんな納得してついて行くんです。そういう会社なんです」

神無月　「ふむ。トップダウンの組織ではない、ということだね。じゃ、その2人から説得していくか」

2週間もすると、神無月さんはゲンさんやヤマさんと打ち解けて話をするようになっていました。あの堅物の2人とたった2週間であそこまで仲良くなるなんて、やっぱり只者ではない…。

…そんなある日、僕と同僚の佐藤君が、神無月さんに呼ばれました。そこには、ゲンさんとヤマさんも揃っていました。

神無月　「佐藤君、出雲君、君達に試してみてもらいたいことがある。お客様からのお問い合わせの対応方法をもっと良くするために、ゲンさんとヤマさんに手伝ってもらって、こんな風にまとめてみたんだ」

そこには、先日よりさらに洗練されたプロセスが描かれていました。

神無月　「君達2人が、お客様からのお問い合わせに、いつも迅速かつ丁寧に対応してくれていることは聞いているよ。おかげで、先輩社員のみんながどれだけ助かっているかもね。それをもっと楽にできないか、ゲンさん達と考えたんだ」

神無月さんは、佐藤君をゆっくり説得しているんだと気づきました。ゲンさんも続きます。

ゲン　「2人とも少し細かい話になると、いつも俺達に転送してるだろ? それじゃあいつまで経ってもお前らが成長できないと反省したんだ。電話番するためにうちに就職したわけじゃねぇもんな。これからは、簡単なことは教える。だからお前らがちゃんと電話対応するんだぞ」

僕・佐藤「は、はい!」

神無月　「ヤマさんとゲンさんも、とりあえずこのプロセスに則って仕事をしてみてください。この4人でうまくいったら、他の人達にも広げていきましょう」

神無月さんは、笑顔でその打ち合わせを締めくくりました。

ITIL プロセスを導入する

プロセスを定義し、現場のメンバー全員がそのプロセスに従って動くようになることを「プロセスを導入する」と言います。ただし、プロセスを導入するのは、そう簡単ではありません。なぜなら、プロセスを導入するということは、仕事のやり方を変えることを意味するからです。これには、少なからず抵抗が生まれます。

今回のケースでは、細野製作所の「社風」が議論の一つとなりましたが、社風、つまり会社の文化（カルチャー）や人間関係（利害関係者、抵抗者等）も把握したうえで、「どのように進めるのがスムーズで効果的か」を考えながら進めることが重要です。誰にどのタイミングでどのような情報発信をするかを計画する「コミュニケーション計画」をしっかり作ることも効果があります。

これらは、人間心理の自然な反応として発生する「変化に対する抵抗」を抑え、「変わることを助ける」ための手法です。ITILでは、“Organizational Change Management（組織変更管理）”としてまとめられています。日本の文化では、これらは「人心を掌握するための裏技のようで腹黒い」というような、悪い印象を持つ人もいるかもしれません。しかし、みんな（組織のメンバーおよびお客様）にとって良くなるためならば、変わるべきときに変わらなくてはなりません。だからこそ、この「変化の管理」も大切なのです。

また、今回紹介した「まずは4人で試してみて、結果が出れば周りにも広める」という進め方は、“Small Start, Quick Win”という方法です。物事を進める際に、いきなり全てを新しい方法に変えるのではなく、小さく始めて短期間で何かしらの成果を出し、新しい方法の効果を見せて説得する（納得してもらう）という進め方が有効な場合があります。このように、プロセスの導入にも様々な方法があるのです（図5）。

例① トップダウンで進める

今日からこのプロセスで進める！わかったな！

よくわからないけど、とりあえず

はい！ はい！ はい！ はい！ はい！

例② 目的や理由を説明して進める(説明型)

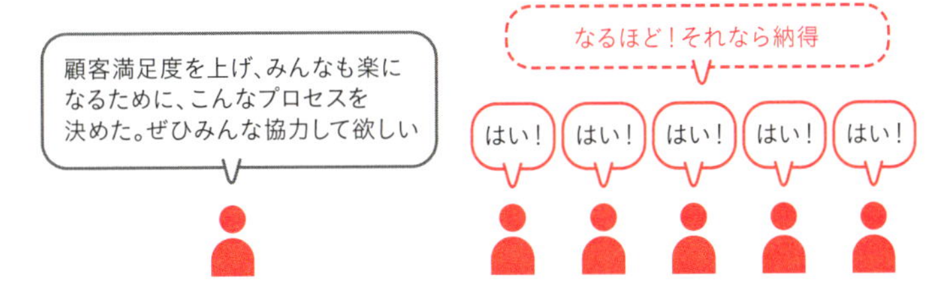

例③ 目的や理由を説明して進める(段階型)

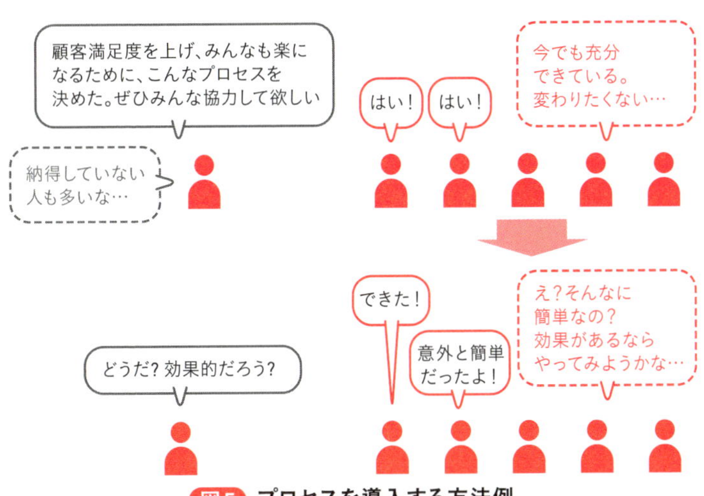

図5 プロセスを導入する方法例

見つけた！ビジネスの原石！

ゲンさんとヤマさん、佐藤君、僕の4人が新しいプロセスに切り替えて1か月、さっそく効果が出てきました。まず、これまで電話を受けても絶対に自分では解決しようとしなかった佐藤君が、積極的に自分で解決するようになりました。それはゲンさんとヤマさんが、僕達でも対応できるレベルの内容について教えてくれるようになったからです。僕達は2人から教わったことを書き留め、「回答集」を作り始めています。これで、今後同じ問い合わせが来たときには、自分達で解決する割合（一次解決率）が増えてくるでしょう。ヤマさんも、メモを活用するようになってから、お客様からのお問い合わせを忘れることがなくなり、催促の電話も大幅に減りました。この結果を見て、周りの先輩達も少しずつ参加し始めています。

僕　「神無月さん、プロセスを整備すると、こんなに変わるものなんですね」

神無月　「いや…、**まだ半分しかできていないよ**」

僕　「半分!?」

神無月　「そう。お問い合わせ対応プロセスの目的は何だったか覚えているかな？」

僕　「お問い合わせに素早く対応すること、です」

神無月　「それで、早くなったかい？」

僕　「ええ、回答集を使うようになったので、問い合わせの半分以上は僕と佐藤君で対応できています。ヤマさんが問い合わせを忘れることもなくなりましたよ」

神無月　「ふむ。じゃあ聞くけど、具体的にどれくらい早くなったのかな？平均対応時間は？改善されていないお問い合わせの種類はある？」

僕　「え？え？え？」

神無月　「本当に改善されたかどうかを判断するには、データを取って分析するのが一番だよ。分析することで、新たな発見もあるかもしれない。電話を受けたときのメモは残っているかな？そこから何がわかるか、一度分析してみようよ」

僕　「は、はい！ゲンさん、ヤマさん、対応が終わったお問い合わせのメモって残っていますか？」

ヤマ　「おう、あるよ！神無月さんに、『終わっても捨てずにこの箱に入れておくように』って言われていたからな」

僕　「わ、すごい！終了日時も記入してある！」

佐藤君と僕が対応したお問い合わせメモと、ゲンさんとヤマさんが対応したお問い合わせメモを集めてみると、神無月さんが言った通り、今まで気づかなかったことがたくさん見えてきました。

僕　「この1か月で、一次解決率が3倍になったね」

佐藤　「問い合わせの平均対応時間も半分になってるよ！」

ヤマ　「問い合わせについての催促の電話も、以前は毎週2件くらいあったけど、今月はたったの2件だな」

ゲン　「この商品についての問い合わせが多いなぁ。取扱説明書がわかりにくいのかもな」

僕　「あれ？いろんな人から、同じような要望が来てますよ」

ヤマ　「このお客さん、言葉がキツいからクレーマーかと思っていたけど、よく読むと改善案までアドバイスしてくれているぞ」

佐藤　「意外と販売店より、エンドユーザーからの問い合わせが多いですね」

ヤマ　「…なあみんな、1回会議して、ちゃんと分析してみるか」

なんだか、ビジネスの原石が見つかったような気がします…。

ITIL 「プロセスの標準化」はマネジメントの入り口

プロセスを整備し、それを組織全体に導入することで、標準化することはとても大切です。しかし、「プロセスの標準化」が目的になってしまってはいけません。

標準化は、あくまで、ばらつきを少なくするために行うものです。プロセスを整備する際は、「収集すべきデータ」も定義しておくことを忘れないでください。それにより、自然と必要なデータが蓄積され、それを分析することで、より良い改善につなげることができます。

「改善し続けること」、そして「改善し続けられる組織を作ること」が、マネジメントの目的です。つまり標準化は、マネジメントをするための最初の一歩でしかないと言えます。

▶組織の成熟度を5段階で表せる？

組織の成熟度を5段階で表現する考え方があります。米カーネギーメロン大学ソフトウェア工学研究所が公表したソフトウェア開発プロセスの改善モデルとアセスメント手法に「CMM（Capability Maturity Model）」があるのですが、これを元に完成されたのが「CMMI（Capability Maturity Model Integration）」と呼ばれる体系で、「能力成熟度モデル統合」と訳されます。このCMMIでは、組織の成熟度を5段階で表現していますが、これを見ても、標準化（定義）することはあくまで「レベル3」の段階です。

改善活動が始まると「レベル4」、改善サイクルが回り続けている組織（つまり、進化し続けている組織）が「レベル5」です（図6）。

神無月さんが、プロセスの成果に驚く出雲君に対して、「まだ半分しかできていない」と言った理由が、これでわかると思います。繰り返しになりますが、「標準化」はあくまでマネジメントの入り口に過ぎないのです。

レベル	状態	説明
1	初期	場当たり的で混沌としている。ほとんどのプロセスは定義されておらず、成功は個人の努力に依存する
2	反復できる	基本的なプロセスは確立されており、以前の成功経験を反復するためのプロセス規律がある
3	定義された	組織の標準的なプロセスが文書化、標準化、そして統合化されていて、組織のメンバーがそれに従い活動している
4	管理された	最適化されたプロセスおよび成果物品質に関する詳細な計測結果が収集されている。プロセスも成果物も、定量的に理解され制御されている
5	最適化している	革新的なアイデアや技術の施行、およびプロセスからの定量的フィードバックによって、継続的なプロセス改善が可能になっている

参考：CMMI Institute（https://cmmiinstitute.com/cmmi）
※ Capability Maturity Model、CMM、CMMI は、カーネギーメロン大学によって米国特許商標庁に登録されています。

「標準化」はマネジメントの
入り口に過ぎない

＝

「改善し続けること」
「改善し続けられる組織を作ること」
がマネジメントのゴール！

図6 CMMIが示す組織の成熟度

ITIL

お客様の声、現場の声をヒントに新商品の企画だ！

僕　「ヤマさん、お問い合わせの内容を分析すると、この機能に対するニーズが結構高いことがわかりますね」

ヤマ　「確かにな。よし、次期バージョンで搭載するか！」

ゲン　「いや、**全く別の商品として、ターゲットも変えて企画してもいいかもしれんぞ？**」

佐藤　「え？どうしてですか、ゲンさん」

ゲン　「この要望を出しているお客さんの種類を見てみると、今まで少なかった購買層だ。新しい商品として売り出して、この購買層向けに広告を打ってアピールすると、新規顧客が増えるんじゃないか？」

佐藤　「おー、確かに…！」

ヤマさんの提案で開催した僕達の会議は、思いのほか盛り上がりました。みんな、新しいアイデアがどんどん出てきます。

ヤマ　「よし、このアイデアを商品企画部に説明しに行こう」

僕　「はい！ちゃんと根拠となるデータもあるので、説明しやすいですよね！」

ゲン　「じゃあ、お前ら若手2人で説明してみろ。俺らは後ろで見ておいてやるからさ」

僕・佐藤　「**いいんですか!?**」

これまでは、新規商品の企画は商品企画部の仕事でした。彼らは、マーケティングのスキルを駆使して、僕達技術者にはわからないような難しいリサーチや投資収益率計算などをして企画を立案しています。僕達から見たら、「全く違う世界の人間」で、仕事も完全に分かれているので、現場の意見は聞いてもらえないと諦めていた部分もありました。
…いや、もっと正直に言えば、新商品を企画したりバージョンアップしたりするたびに僕達の仕事が増えるので、不具合が出ない限りは現状を変えたくない、という気持ちがあったのも事実です。
しかし、お問い合わせの履歴を記録してお客様の声を「見える化」し、一件一件のお問い合わせを分析してみると、「マスで見た需要」が見えてきます。おのずと、僕達も商品企画のモチベーションがわいてきたのです。

商品企画部に話を持ち掛けると、みなさん驚きながらも、興味深そうに僕達の話を聞いてくれました。

商品企画「よくこれだけお客様の声を集めて、分析してくれたね。これはとても価値のある意見だよ。ぜひ前向きに検討させてもらおう。あ、他に○○とか△△のデータはないかな??」
佐藤「すみません、そのデータは取っていないですね」
商品企画「そっか…」
僕「でも、取ろうと思えば取れますよ！任せてください！」
商品企画「本当に!? じゃあ、ぜひ頼むよ。そのデータがあると、今検討中の企画の収益率の精度も上がって、最適な投資ができるんだ。本当に助かるよ」
佐藤「他にも、企画のために必要なデータがあるかもしれないですね。あらためて一緒に考えませんか？」
商品企画「そうだな。ぜひそうしよう！」

技術部のたった４人で始めたプロセスの整備ですが、今や部の垣根を越え、商品企画部へと広まり始めました。会議に同席してくれた神無月さんは、その様子をとても嬉しそうに眺めていました。

「戦略、戦術、運用」の3つの層がつながればビジネスが変わる!

関連ページ …… P.164

あらゆる組織は「戦略層」「戦術層」「運用層」の3つの層から成り立っていると言われます。

戦略層：組織の中長期的な方向性と大枠のリソース配分を決める層
戦術層：戦略を実現するための具体的な施策（計画）を立案する層
運用層：戦術層で決めた施策を実際に実施して実現する層

商品やサービスを企画し、それを開発して運用／サポートするという時系列の流れは、「戦略→戦術→運用」を表現しています。

企画や設計を「上流工程」と呼びますが、これは水が重力によって上から下にしか流れないことから始まった表現と言われています。この考え方も間違いではありませんが、現実のビジネスはこのような一方通行の単純な流れではありません。

例えば今回のケースのように、現場で得た事実から企画にフィードバックする流れは、「運用→戦略」の流れだと言えます。他にも「運用→戦術」や「戦術→戦略」へのフィードバックもありえます。

つまり、戦略や戦術の机上の議論（想像）だけではなく、現場の実績（実際に実施してみた結果）やお客様の声がフィードバックされることにより、戦略や戦術をより良い方向に軌道修正することが可能となるのです。

いずれにせよ、こうして戦略、戦術、運用の3層がシームレスかつ柔軟に相互に連携し合うことにより、組織はより活性化され、ビジネスがスムーズに回るようになります（図7）。

そしてあらゆる企業は、このように組織間でスムーズに連携することで、お客様に最適なサービスを提供し続けることができ、その結果、顧客満足度が向上して成功につながるのです。

組織の3階層（基本）

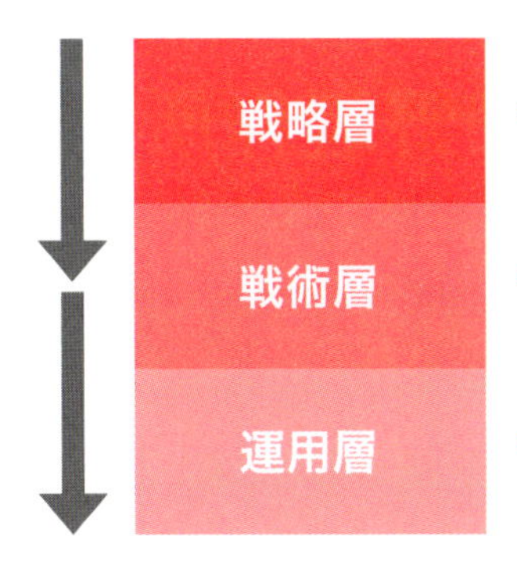

組織の3階層（活性化された組織）

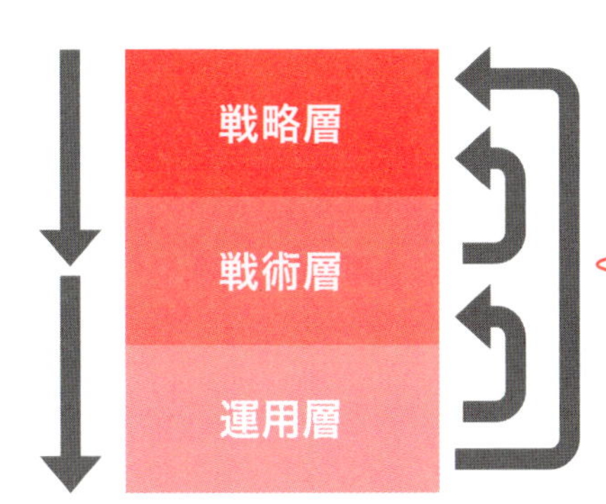

戦略ー戦術ー運用の3層がシームレスかつ柔軟に相互連携することで、組織は活性化する！

図7 組織の3階層

5年後の細野製作所

若手社員 **「出雲課長！新商品の企画を考えたので聞いてください」**
僕 「うん、面白そうじゃないか」
若手社員 「出雲課長！先日リリースした新商品、やっぱりてこ入れが必要ですよ。問い合わせの傾向分析をしたんです」
僕 「どれどれ…よし、これはさっそく対策を打とう」

あれから5年、僕は細野製作所の課長となり、忙しく働いています。

神無月さんの教えを受け、ヤマさん、ゲンさん、僕、佐藤君の4人で始めた改善の輪は、4人から課へ、課から部へ、そして全社へと広がっていきました。僕は改革の中心メンバーの一人として、業務プロセスを分析して標準化したり、目標を立ててデータを収集して見える化したり、その進め方にも気を配りました。
みんなが納得し、賛同して進められると、協力も得やすく改善の進み方が格段に違います。

そもそもは「効率的なお問い合わせ対応」からスタートした取り組みでしたが、効率化に取り組んだ結果、お客様の声を効率的に収集・分析することができるようになり、技術部からも新商品の企画がどんどん出るようになりました。

今や細野製作所は下町のおもちゃ工場ではなく、大手製造業と協業し、IoT分野にも進出する企業へと成長を遂げています。また、お客様の声を元に企画した商品が海外メディアに取り上げられ、海外からのお問い合わせも大いに増えました。僕は、新設されたグローバル対応の課の責任者に任命されたというわけです。

今の僕の目標は、新市場を開拓することと、今後の戦略やサービス設計の立て方についてのプロセスを整備し、細野製作所がより野心的な組織として成長できるような組織改革を行うことです。

ヤマ　**「よう、出雲、相変わらず元気そうだな」**
ゲン　「この間お前が企画した新商品だけどな、もうすぐローンチできそうだぞ」
僕　**「ああ、ヤマさん、ゲンさん！** どうもありがとうございます！」

ヤマさんとゲンさんは、今でも時々僕のところへ顔を出してくれます。2人とも、今では技術部の部長となり、2人で技術部を統括しているのです。また技術部には佐藤君も所属していて、課長として頑張っています。彼ら3人とは「戦友」のような間柄なので、忌憚のない意見交換ができるのがありがたい限りです。もちろん、技術部と僕の課の連携もバッチリです！

そうそう、神無月さんは、細野製作所の売上がV字回復したことを見届けると、別の会社へと移っていきました。どうやら、問題を抱えた別の会社から声がかかり、その会社の組織改革を任されたようです。

あの人のことだから、かつて細野製作所を変えてくれたように、新しく移った会社も劇的に変えていくことでしょう。

もし神無月さんと再会する機会があれば、そのときに胸を張って会えるように、これからも頑張りたいと思います！

ITIL この章のまとめ

この章では、ITIL全体に共通となる「管理（マネジメント）の進め方」を紹介しました（図8）。

第2章や第3章のケーススタディでは、個々の管理するべき内容について説明しましたが、ここではそれらのどれを管理するにしても共通的に「何をしなくてはいけないのか」「どのように進めるべきか」をまとめています。

この章に出てきた出雲君は、神無月氏のアドバイスを受け、自分の電話対応のプロセスをまとめることから始めていましたね。それまでは、対応する人によってプロセスがバラバラだったため、お客様からすると対応にばらつきが出ることになり、不満が高まっていました。

組織として成熟度を上げるためには、この章で解説したように、「プロセスを標準化すること」が第一歩です。

ただし、誰かが勝手に決めたプロセスを一方的に押し付けても、現場が受け入れるはずがありません。そこで、神無月氏は、現場の主要なメンバー（ヤマさんとゲンさん）を巻き込み、出雲君と佐藤君の協力も得て、「小規模にまずは結果を出す」という進め方をしました。

本文でも紹介したように、ITILではこれを**「Small Start, Quick Win」**と呼びます。これにより、周囲も彼らが何をしようとしているか、自分達にどのようなメリットがあるかを実際に見て理解することができ、改善の輪を広げやすくなるのです。

神無月氏が指摘したもう一つのポイントは、「データ収集」でした。「プロセスを標準化すること」は、最終目標ではありません。より良いサービスを実現するためには、データに基づいた判断が必要で、そのデータを蓄積するためにプロセスを設計する、という観点も必要です。今回のケースでは、こうして出来上がった問い合わせ対応のプロセスに基づいて全員が行動した結果、想定以上の効果を出すことができました。つまり、「お客様の生の声」を効率的に集めることができるようになったのです。これまでは「クレーム対応」としてしぶしぶ行っていた電話対応が、実は次のビジネスアイデアを生み出す「宝の山」だったと気づいた瞬間でした。

こうなると、周囲の協力も加速します。**「効率化、コスト削減」のためではなく、「ビジネスヒントの収集」のためにプロセスを標準化する**という目的に変わったからです。今回の改革をきっかけに、細野製作所はさらなる成長を遂げることでしょう。神無月氏はいなくなりましたが、改革の精神とノウハウを引き継いだ「出雲課長」がいますからね。

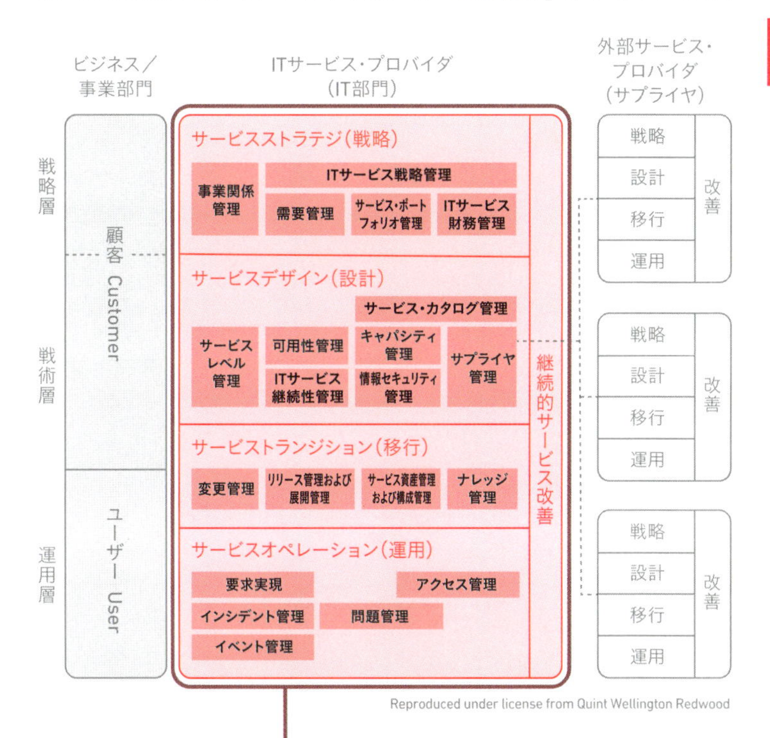

図8 この章で解説したこと

コラム サービスマネジメントの3つのP

ITILでは、ITサービスマネジメントを進めるうえでの根幹として、3つのPを紹介しています※。

○Process（プロセス）：プロセスを定義し、導入する
○Product（製品・ツール）：管理ツールを活用する
○People（人材）：理解し、実践する人材を育てる

例えば今回の細野製作所の場合、「お問い合わせ対応プロセス」を整備するだけでなく（＝Process）、お問い合わせ内容を書き留め、共有するツールとして関係者が使いやすい「メモ」を活用しました（＝Product）。また、出雲君をはじめとして、ゲンさん、ヤマさん、佐藤君に、サービスマネジメントの意義やプロセスの目的と内容（何のために、誰が何をすればよいのか）を理解してもらい、プロセスに従って行動してもらったことにより、その理解の輪がどんどん広がっていきました（＝People）。このように、3つのPの相互作用で、より良いサービスマネジメントを実現するのが、ITILの目指す姿なのです。

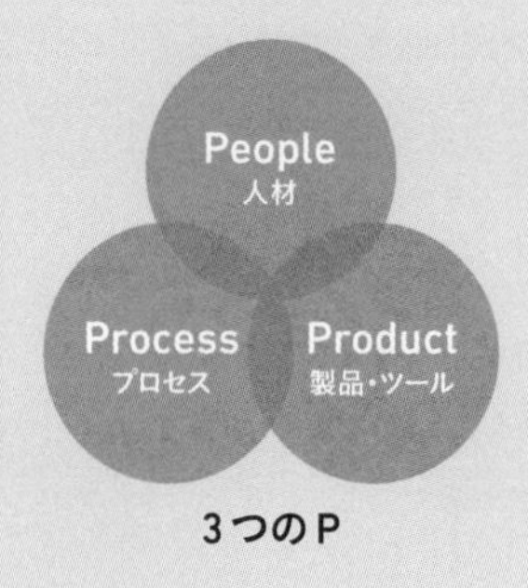

3つのP

※ITIL：ITIL V2では3つのP、ITIL V3とITIL 2011 editionではPartner（パートナー、サプライヤ）を追加して「4つのP」としています。

Chapter

05

あらためて…
ITILの概要と活用

【ITILの基本用語】ITILとITSM

ここからは、あらためてITILの概要を解説していきます。まずは、ITILを理解するために必須となる様々な基本用語の意味から見ていくことにしましょう。ここまで読んできたケーススタディの内容を踏まえて読んでみると、さらに理解が深まるはずです。

Introductionでも触れた通り、ITILは「Information Technology Infrastructure Library」の略称で、ITSM（ITサービスマネジメント）についての世界のベストプラクティスをまとめてフレームワーク化した書籍群のことです（図1）。少々わかりづらいので、キーワードとなる言葉をもう少し読み砕いてみましょう。

●ベストプラクティス

「ベストプラクティス」は、「成功事例」と訳します。つまり、ITILは、ITSMをうまく行っている世界中の企業や団体から、具体的にどのような工夫をしているかを集めたものだと言えます。

●フレームワーク

「フレームワーク」は「枠組み」や「構造」と訳されますが、これがイメージしづらく、誤解が生まれやすい原因でもあります。

簡単に言えば、フレームワークとは「物事を判断する際の参考となる基本的な規則や考え方をまとめたもの」です。したがって、ITILでは一つ一つの具体的な方法ではなく、どのような規模や業種のIT組織でも共通に使えるITSMの考え方がまとめられています。

●書籍群

“Library”を「書籍群」と訳しています。要は「本の集まり」です。例えば、「ITIL 2011 edition」は5冊の本で構成されています。

1989年にイギリス政府のIT部門である中央電算電気通信局（CCTA）により、ITSMについてまとめたITILが公表されました。それが約30年以上にわたり改版を重ねながら世界中で読まれ、実践されているのです。

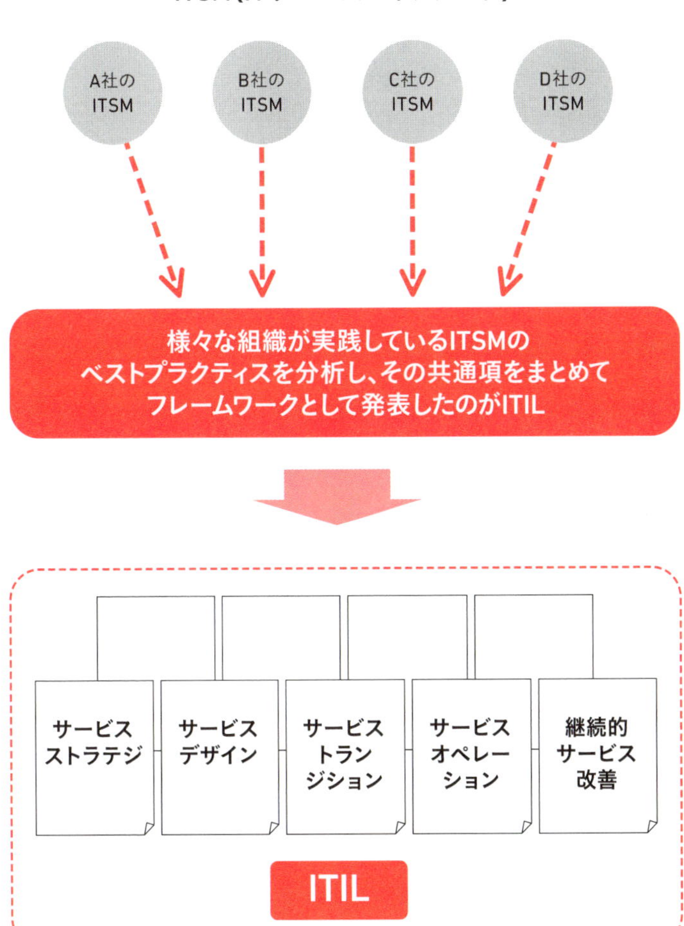

図1 ITSMとITILの関係

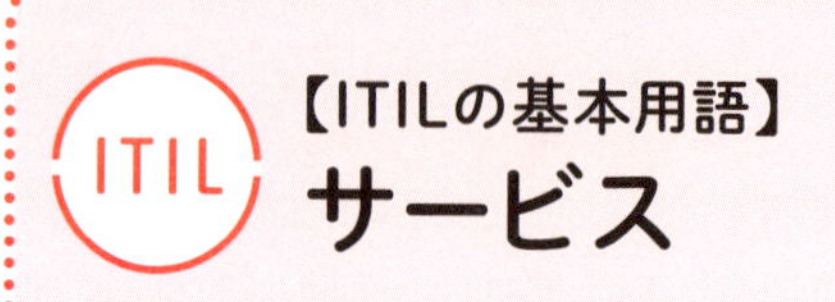

【ITILの基本用語】サービス

関連ページ …… P.030、P.046、P050

「サービス」は、ITILを理解するうえで最も重要な言葉です。ITILでは、サービスを次のように定義しています。

> サービスとは「顧客が特定のコストやリスクを負わずに達成することを望む成果を促進することによって、顧客に価値を提供する手段」（出典「ITIL用語および頭字語集」）

ホテルや喫茶店など、いわゆる「サービス業」に分類される業種が提供しているのが「サービス」です。

ここで考えてみてください。例えばみなさんは、どんな目的でホテルを利用するのでしょうか。

- ○家から遠い場所にでかけ、その場所に滞在するため
- ○美味しい料理を食べるため
- ○普段とは異なるラグジュアリーな気分で過ごすため

などなど、「したいこと」（上の定義で言うところの「達成することを望む成果」）があるはずです。

他方、この目的を成し遂げるために、例えばテントを張って一晩過ごす場所を確保したり、食材を調達してきて料理をしたりといった面倒なこと（「コストやリスクを負う」こと）はしたくないですよね。現実問題として、ホテル並みのラグジュアリーな環境を自前で用意しようとしたら大変です。

したがって、このようなことを全て代わりに実施して、本来「お客様が得たい成果」を得られるようにしてあげる全てのことを、一言で「サービス」と呼んでいるのです（図2）。

ITSM（ITサービスマネジメント）

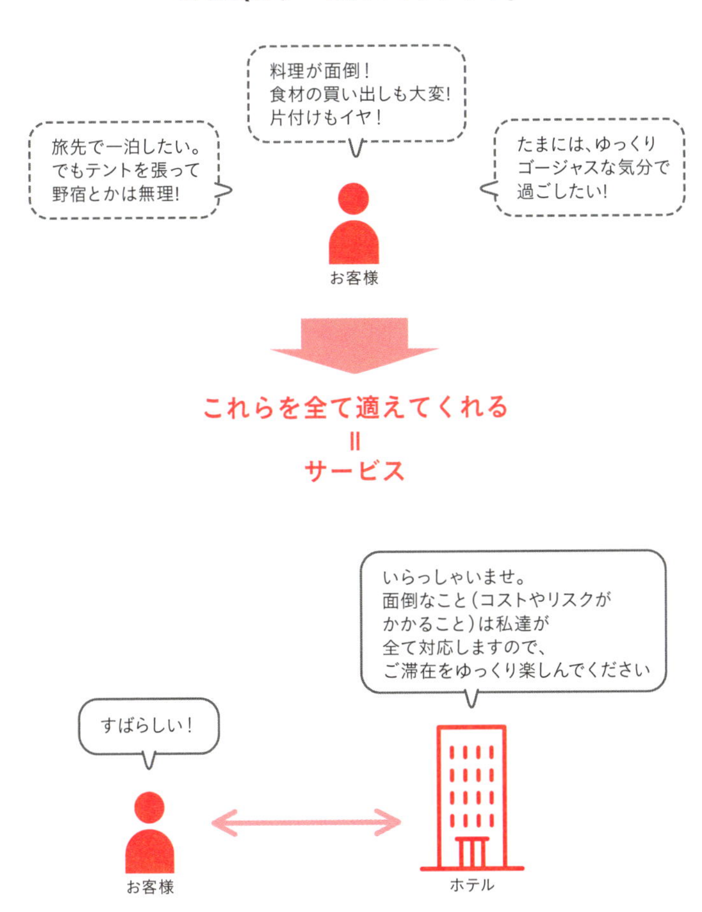

図2 「サービス」とは？

【ITILの基本用語】
サービスの「価値」

サービスの価値は、「有用性」と「保証」の2つから構成されます。

有用性とは「目的に適していること」を指します。例えば、「食事を食べて、睡眠を取りたい」という目的があるとします。この目的を適えるために必要となる機能は、「食事を作って提供し、後片付けをする」「ベッドを用意する」という2つになります。

一方、保証とは「使用に適していること」を指します。ホテル内のレストランが午後5時から10時まで営業しているとしたら、その時間帯であればオープンしているので、いつ行っても食事を取ることができます。また、チェックインが午後3時以降ならば、それ以降に部屋に行けば掃除もベッドメイクも終わっているはずなので、すぐに横になることができます。

このように、「約束されている時間帯であれば、合意されたレベルで使用できる状態にあること」を「保証」と呼びます（図3）。

▶「保証」を構成する4つの項目

サービスを「保証」するには、「可用性」「キャパシティ」「継続性」「セキュリティ」の4つの項目について顧客と合意され、実現されていなければなりません。

上記の例で言えば、可用性は「営業時間中なら、レストランにいつ行っても食事ができること（臨時休業はない）」が該当します。またキャパシティは、「部屋は広すぎず狭すぎずちょうどよい広さであること」でしょう。継続性は「災害発生時の避難方法などが決められ、訓練されていること」、情報セキュリティは「宿泊者情報は外部に漏れないように守られていること」などです。これら4つが守られている状態が、「サービスが保証されている状態」です（図4）。そして、「有用性」と「保証」の達成度が、すなわち「サービスの価値」となるのです。

	有用性	保証
	目的に適している	使用に適している
レストランで食事を食べたい	食事を作って提供し、後片付けをしてくれる	レストランの営業中ならいつ来店しても食事ができる
ベッドで睡眠を取りたい	綺麗なベッドを用意している	チェックイン時間以降なら、いつ入室しても横になれる

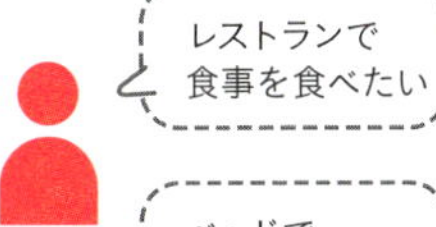

図3 「有用性」と「保証」

サービスが「保証」されてない状態

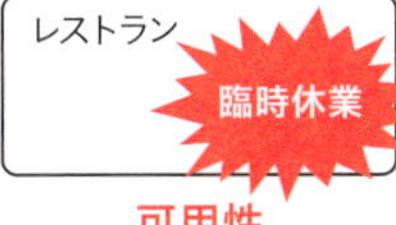

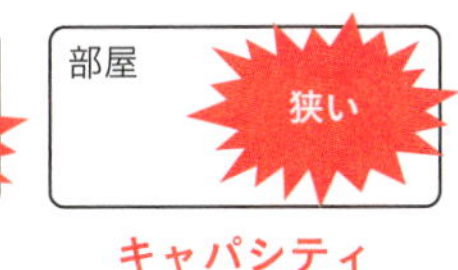

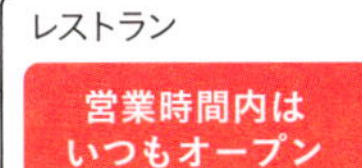

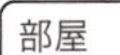

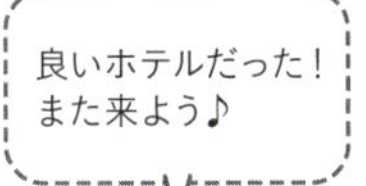

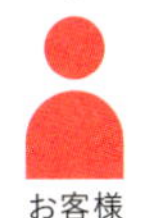

図4 「保証」は4つの項目で構成される

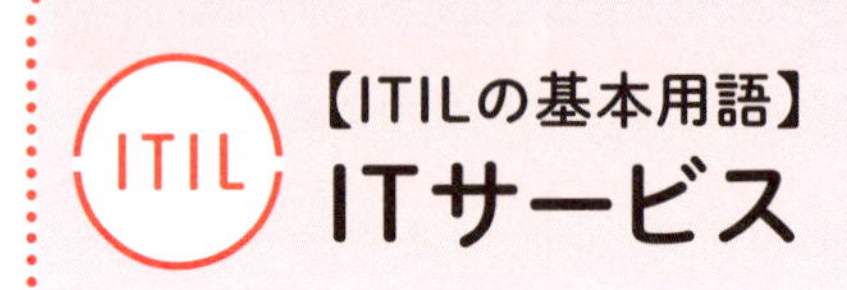

ITサービス

ここまで解説してきた「サービス」のお話を、ITの環境にあてはめてみましょう。

メール、勤怠処理、経費精算、受発注処理、Webサイトでの情報発信（ホームページ）、オンラインショッピング…企業も非営利団体も公共機関も政府組織も、今やITを全く使用していない組織はほとんどないと言ってもよいでしょう。

彼らはITを活用し、これまで以上に効率的かつ効果的にビジネスを展開したり、活動を推進したりしています。つまり、あらゆる組織には自らが達成したい本業（コアビジネス）があり、ITはそれを成し遂げるためになくてはならない存在になっているわけです**（図5）**。

このように、ビジネスの成功のために、適切なIT機能を適切な品質で提供することを「ITサービス」と呼びます。

▶価値あるITサービスを実現するために

価値あるITサービスを実現するためには、顧客が求める機能（有用性）を実現するだけではなく、その機能を保証しなければなりません。そこまでやって、初めて「サービス」と呼べるものになります。

そのためには、まずは保証の要素である「可用性」「キャパシティ」「継続性」「セキュリティ」の目標について、顧客と合意しなければなりません（正確には「ITサービス継続性」と「情報セキュリティ」です）。

そして、その合意目標を達成するようなITサービスを設計して開発し、日々の運用の中で実際に達成しているかを測定します。足りない部分は是正して目標を達成する、達成している部分はよりよくできないかと改善を検討する。このようにして、「顧客に価値を提供し続ける」ITサービスを実現できるのです。

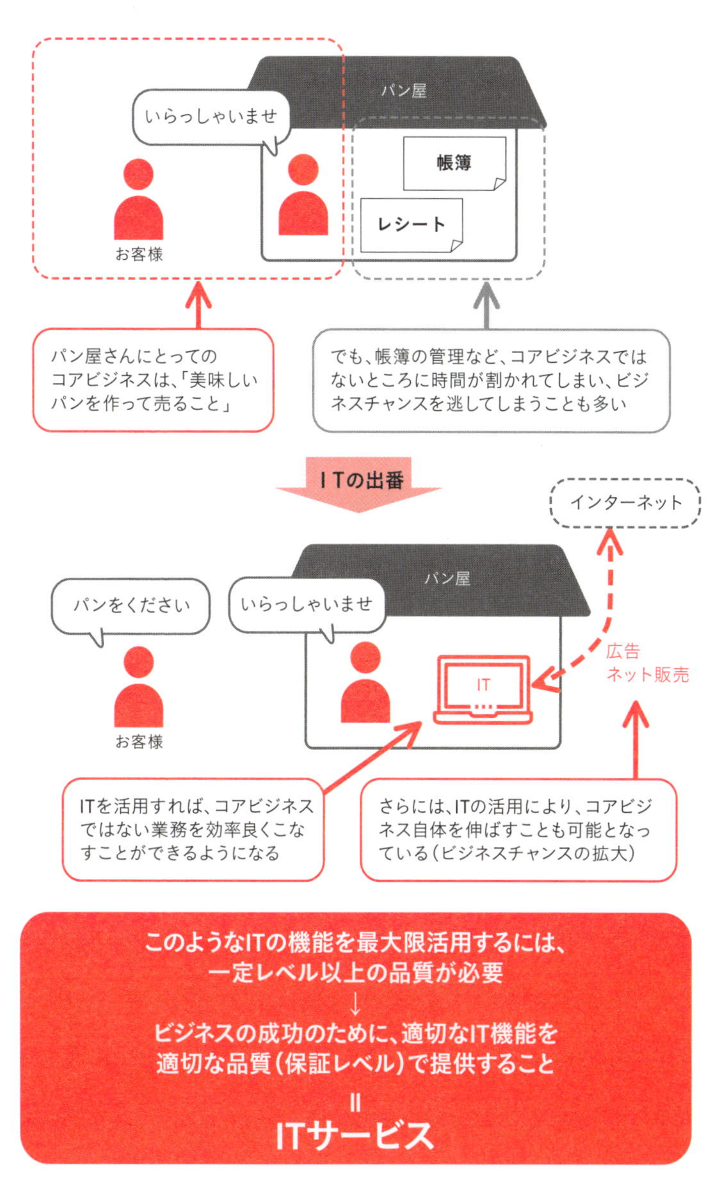
パン屋
いらっしゃいませ
帳簿
レシート
お客様
パン屋さんにとってのコアビジネスは、「美味しいパンを作って売ること」
でも、帳簿の管理など、コアビジネスではないところに時間が割かれてしまい、ビジネスチャンスを逃してしまうことも多い
ITの出番
インターネット
パン屋
パンをください
いらっしゃいませ
IT
広告
ネット販売
お客様
ITを活用すれば、コアビジネスではない業務を効率良くこなすことができるようになる
さらには、ITの活用により、コアビジネス自体を伸ばすことも可能となっている（ビジネスチャンスの拡大）
このようなITの機能を最大限活用するには、
一定レベル以上の品質が必要
↓
ビジネスの成功のために、適切なIT機能を
適切な品質（保証レベル）で提供すること
＝
ITサービス

図5 「ITサービス」とは？

【ITILの基本用語】
マネジメントとITサービスマネジメント

関連ページ …… P.034

●マネジメント

ITILでは、マネジメントについて次のように記載されています。

> マネジメントするにはコントロールできていなければならない
> コントロールするには測定できていなければならない
> 測定するには定義できていなければならない
> (出典ITIL 2011 edition「継続的サービス改善」)

この表現でわかるように、マネジメント(管理)はコントロール(制御)とは異なるものです(図6)。

簡単に言えば、コントロールとは、(必要に応じて軌道修正しながら)目標を達成するようにすることです。そのためには、今どうなっているかを認識するために「測定」することが必要ですし、測定するためには目標を「定義」し、そのためにすべきことと、何をどう測定するかも「定義」しておく必要があります。

これに対してマネジメントとは、次のような施策を実施し、「環境の変化に合わせながらより良く改善し続けること」を指します。

○目標を達成できたら、次の目標を設定する
○環境の変化に応じて目標を設定し直す
○前回よりももっとうまくできないか考える

あなたの周りの、リピートしたくなるホテルや喫茶店を思い出してみてください。いつ行っても心地よいサービスを維持しているとともに、様々な工夫や改善がなされているはずです。

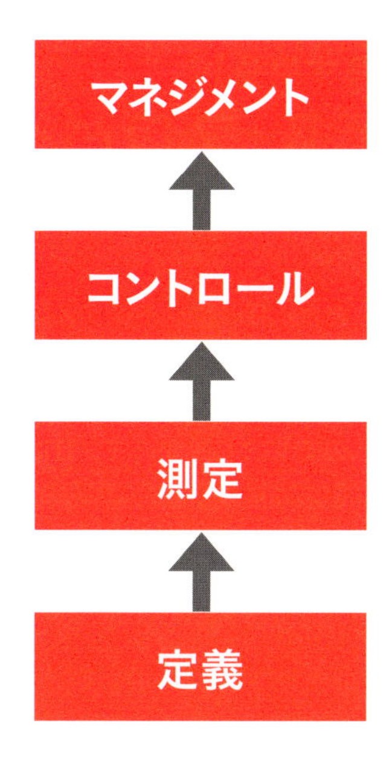

図6 「マネジメント」と「コントロール」は異なる

●ITサービスマネジメント

一方、ITサービスマネジメントは、ITILでは次のように定義されています。

> ITサービスマネジメントとは「事業のニーズを満たす良質のITサービスを実施および管理すること」（出典「ITIL用語および頭字語集」）

すなわち、ITSM（ITサービスマネジメント）とは、お客様がITをうまく活用してコアビジネスに集中して成果を出せるように、ITに関することは全て引き受けて面倒を見、かつ常により良い価値を提供できるように改善を惜しまないことだと言えます。

【ITILの基本用語】

サービス・プロバイダと顧客、ユーザー

関連ページ …… P.042

本書で何度か紹介しましたが、ITILは、イギリス政府のIT部門である中央電算電気通信局（CCTA）が、内部顧客である政府、そして外部顧客である国民に対して、価値あるITサービスを提供するためのマネジメント方法をまとめたものです。したがって、ITILは「企業のIT部門が、その所属企業のビジネスに貢献するためのノウハウ」という目線で読むのが一番理解しやすいでしょう（第1～4章の扉ページに記載したITILのイメージ図も、この観点でまとめられています）。

そしてITILでは、企業内のIT部門のことを「ITサービス・プロバイダ」と呼びます※。また、別の組織で外部からITサービスを提供する組織（つまりIT企業）を「外部サービス・プロバイダ」または「サプライヤ」と呼んでいます。

ITサービス・プロバイダとは「内部顧客または外部顧客にITサービスを提供するサービス・プロバイダ」（出典「ITIL用語および頭字語集」）

ITサービスに「対価を払う人」と「利用する人」は、異なる場合があります。したがって、ITILでは、意図的に表現を分けることがあります。ITILでは、顧客が「対価を払う人」、ユーザーが「利用する人」です。顧客とユーザーは混同しがちですので、注意しましょう。

顧客とは「商品やサービスを購入する人。（中略）非公式にはユーザーの意味で使用されることがある」（出典「ITIL用語および頭字語集」）

※厳密に言えば、ITサービス・プロバイダは「ITサービスを提供する組織全て」を指し、「①内部サービスプロバイダ」（事業部門内部に直属するサービス・プロバイダ）、「②シェアードサービス部門」（IT部門）、「③外部サービス・プロバイダ」（「サプライヤ」とも呼ぶ）の3種類に大別できます。

ユーザーとは「ITサービスを日常的に利用する人」
(出典「ITIL用語および頭字語集」)

一般的な企業においては、管理職以上が「顧客」、一般従業員と管理職以上も含めた利用者全員が「ユーザー」となるでしょう。図7は、ITILの全体像の簡易版です。

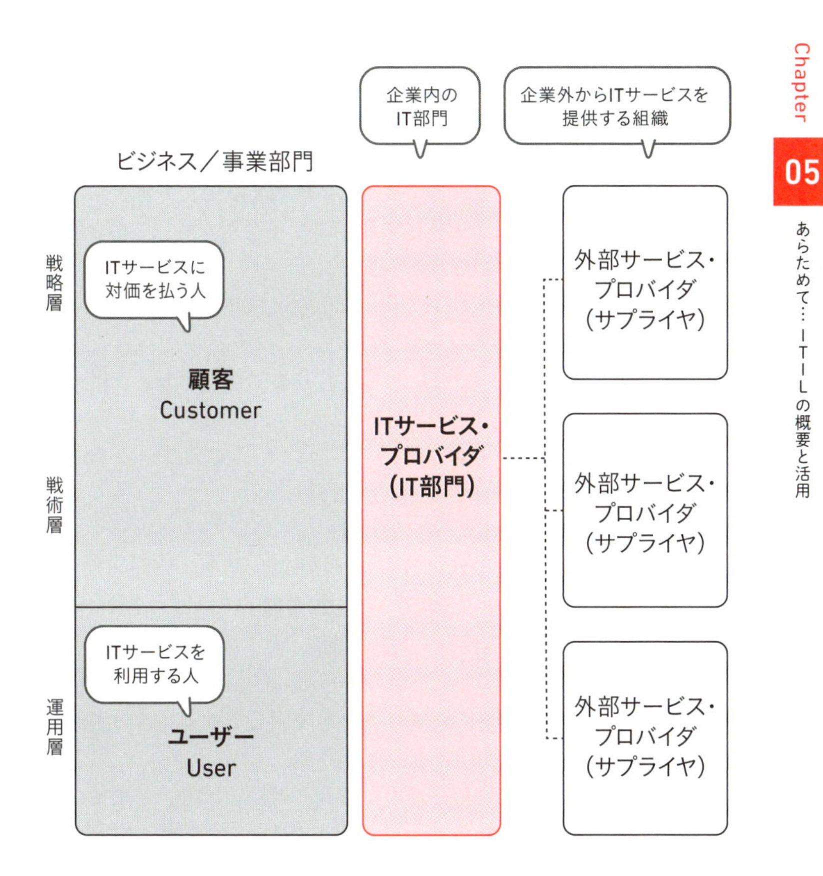

図7 サービス・プロバイダ、顧客、ユーザー

【ITILの基本用語】
組織の3階層とサービスライフサイクル

関連ページ …… P.144

●組織の３階層

あらゆる組織は「戦略層」「戦術層」「運用層」の3つの層から成り立っているという表現があります。P.144でも紹介した通り、戦略層は「組織の中長期的な方向性とリソース配分を決める層」、戦術層は「戦略を実現するための具体的な施策（計画）を立案する層」、運用層は「戦術層で決めた施策を実際に実施して実現する層」です。

以下に紹介するITILの「サービスライフサイクル」も、この3階層の考え方をベースにまとめられています。

●サービスライフサイクル

ITILでは、ITサービスの始まりから終わりまでを、次のように分類しています。

○サービスストラテジ（戦略）→P.166参照
○サービスデザイン（設計）→P.176参照
○サービストランジション（移行）→P.194参照
○サービスオペレーション（運用）→P.207参照
○継続的サービス改善（改善）→P.218参照

この5つのフェーズ（段階）をサイクルで回してサービスの価値を高めていくのが、ITILの提唱する考え方です。

注意して欲しいのは、「戦略→設計→移行→運用→改善」と順番に進んで終了、ではないということです。そうではなく、戦略を中心にぐるぐるとこれらを回しながら改善を続けていくのです。これをITILでは「サービスライフサイクル」と呼びます。図8は、このサービスライフサイクルを加味したITILの全体像です。まずはこの図を頭に入れておいてください。

次回からは、ITILの「核心」とも言うべき、これら5つについて詳細に解説していきます。

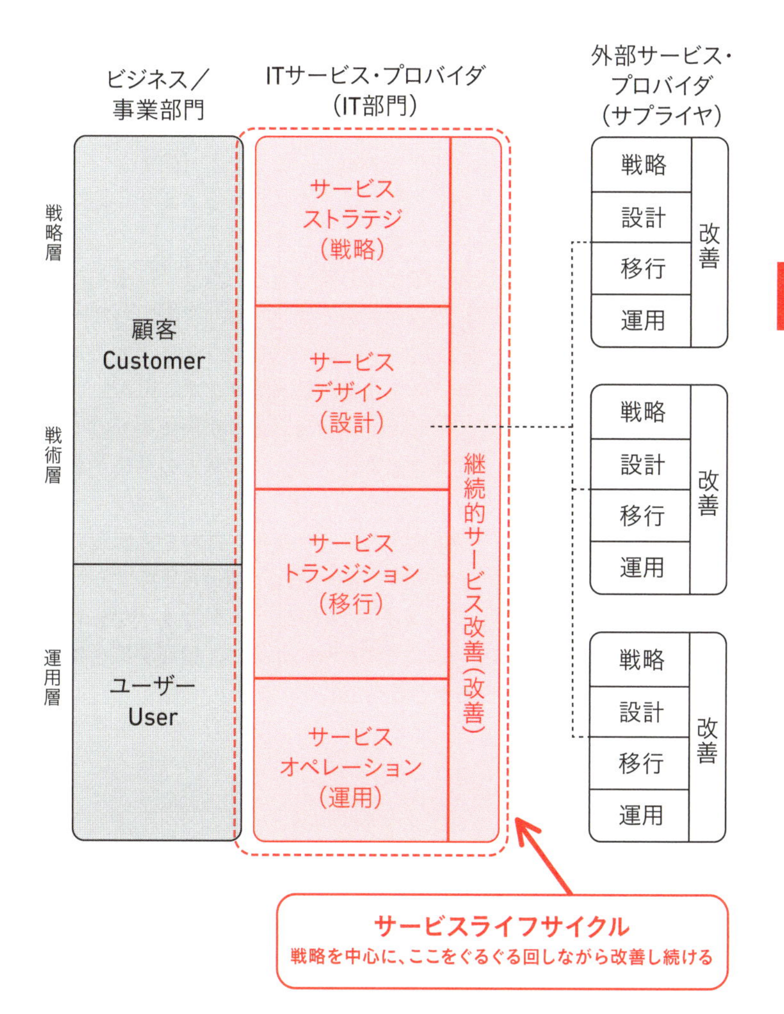

図8 サービスライフサイクルを加味したITILの全体像

【サービスストラテジ(戦略)】
「サービスストラテジ(戦略)」とは?

ここからは、ITILの「サービスストラテジ（戦略)」の詳細を解説します。P.164の「組織の3階層」でも説明した通り、戦略とは「組織の中長期的な方向性とリソース配分を決める」ことです（図9)。

では、なぜ戦略が必要となるのでしょうか？それはずばり、長期的に存続するため、つまりは「生き残るため」です。

行き当たりばったりで決断して行動していると、うまくいくときは良いですが、失敗するとその被害は非常に大きくなります。したがって、「戦略」を決めて、状況に応じて柔軟に軌道修正することが、長期的に成功するため、そして存続するための鍵となります。

なお、戦略は企業のトップ（つまり経営陣）だけが決めるものではありません。各組織には各組織の戦略が、個人には個人の戦略があって当然です（図10)。

ITILでは、企業のIT部門が顧客である「事業側」に対して価値のあるITサービスを提供し続け、事業側とWIN-WINの関係を維持するために、戦略を持つべきだとしています。それが、ITILが言う「サービスストラテジ（戦略)」です。また、そのために何をどう管理するべきかについて、以下の5つの管理が必要だとしています。

○事業関係管理
○需要管理
○ITサービス財務管理
○サービス・ポートフォリオ管理
○ITサービス戦略管理

ここからは、サービスストラテジ（戦略）の中でも、特徴的な最初の4つの管理について紹介していきます。

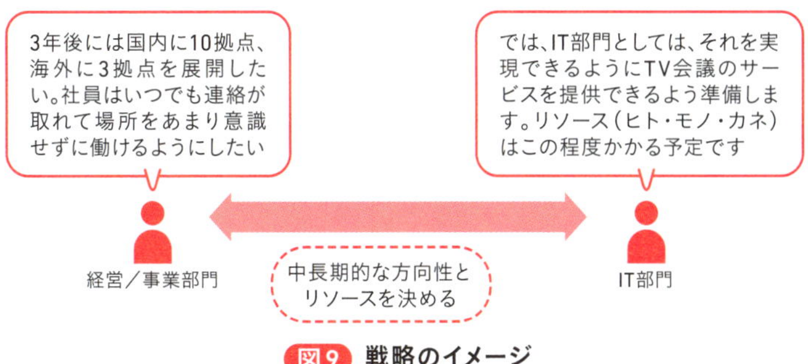

図9 戦略のイメージ

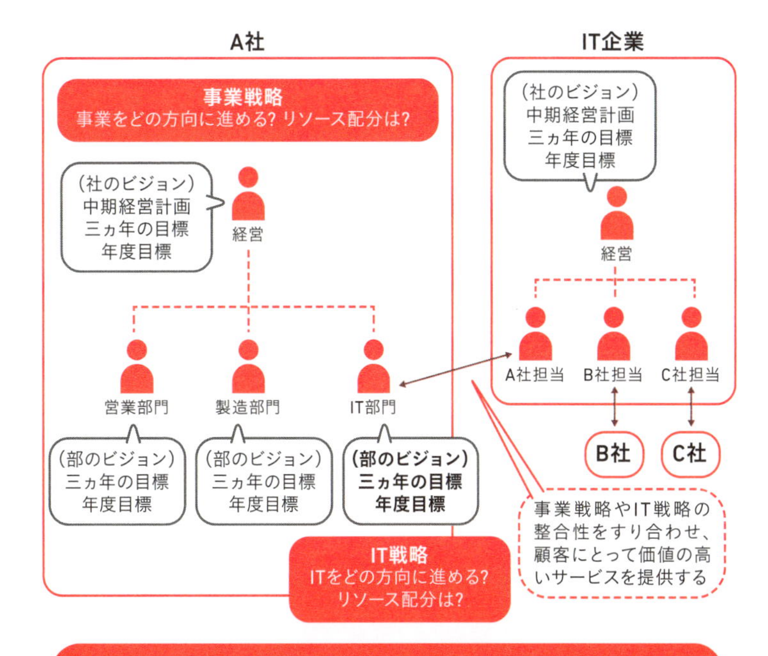

企業のIT部門は、自社の事業戦略と整合を取りながら、自組織の「IT戦略」を持つ。またIT企業は企業としての戦略を持ちつつ、顧客の事業戦略やIT戦略と整合するようなITサービスの戦略を持ち、顧客にとって価値の高いサービスを提供する

図10 ビジネスに「戦略」は不可欠

【サービスストラテジ（戦略）】

事業関係管理

顧客（事業部門）との良好な関係を維持する

IT部門が自分達の提供するITサービスについて最適な戦略を立てるためには、ITサービスの提供先となる「事業部門」が何を考えているかを理解しなくては始まりません（図11）。また、事業部門のニーズは日々変化していくため、今彼らが何を求めているかをキャッチアップし続けることも重要です。

したがって、IT部門は事業部門と良好な関係を構築し、維持する必要があります。そのために必要となるのが「事業関係管理」です。

あなたの会社は、IT部門と事業部門との間に大きな溝や高い壁はないでしょうか。また、IT部門は自社の中長期計画や最新の事業計画を共有してもらっているでしょうか。その計画に対して、ITという観点からアドバイスができるような関係となっているでしょうか。

▶事業部門との関係を良くするためには？

事業部門との関係を良くするための方法には、様々なものがあります。例えば、事業部門の利害関係者について分析して図にまとめる（利害関係者マップ）、事業部門の部門長会議には必ずIT部長も出席する、ユーザーの声をアンケートで集めて、IT部門が対応していることをしっかりアピールする…などです（図12）。

このような「事業関係管理」をしっかりと行っておくことで、事業部門（顧客）のニーズを満たしやすくなるわけです。

～チェックしてみよう～

□事業計画がリアルタイムにIT部門にも共有されている
□事業部門内の人間関係を把握している
□事業戦略とIT戦略について意見交換を行っている

事業部門

良好な関係を
維持管理する

IT部門

Ⅱ

事業関係管理

図11 事業関係管理とは？

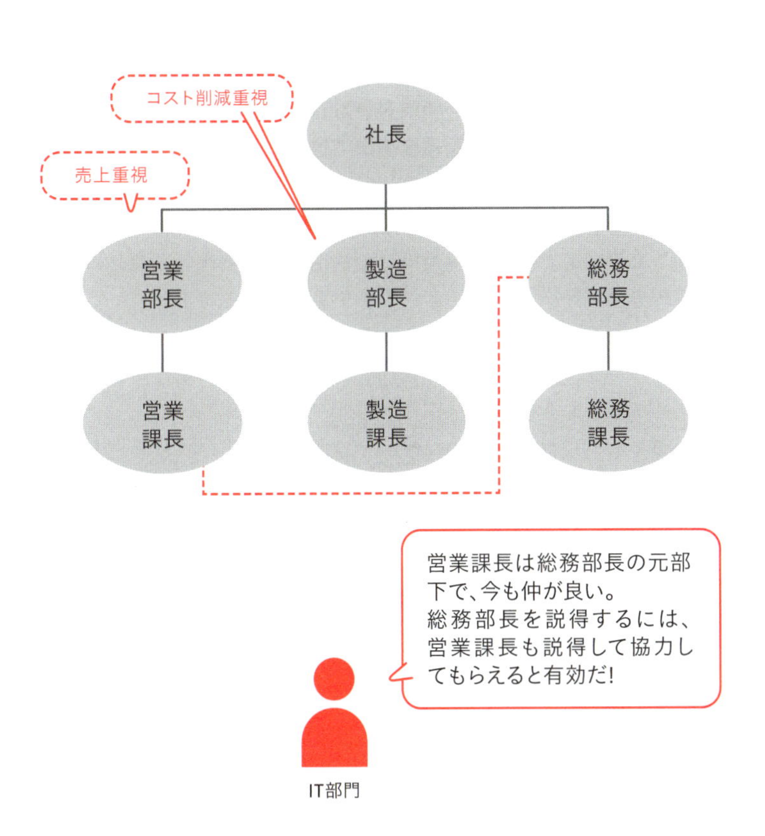

図12 利害関係者の分析（例）

【サービスストラテジ(戦略)】

需要管理

ITサービスに対する需要を把握、予測し、影響を与える

関連ページ …… P.072

▶需要を把握し、予測し、影響を与える

「需要」とは、ニーズの量のことを指します。どのITサービスに対してどれくらいのニーズがあるのかを把握し、「今後のニーズの量」を予測することは、具体的なキャパシティ設計をする際に非常に重要になります。例えば需要管理では、ユーザーを分析してグループ化し(ユーザー・プロファイル)、どのようなパターンで仕事をしているかを分析します(事業活動パターン)。これをITサービスと紐づけることで、各ITサービスとそれを構成するコンポーネント(ハードウェア、ソフトウェア、マニュアル、サポート要員等)の利用状況を把握し、将来のITサービスへの需要を予測することができます(図13)。

第2章の旅館のケーススタディでは、若女将のメアリーさんが宿泊客の予約パターンを分析し、「蛍を見たい」というニーズの量が多いことを突き止めていましたね。

また、いつでも需要に合わせてITサービスを提供していればよいというわけではありません。投資対効果が低い場合は需要を減らしたり、逆に需要が少ないタイミングで使用してもらうために、需要を増やしたりする措置も必要です(図14)。例えば格差課金(曜日や時間帯によって金額を変えて、安い時期の利用を促す)などはよく使用される手法です。つまり需要管理により、需要に影響を与えることもあるのです。

~チェックしてみよう~

□ITサービスへの需要を把握し、予測している
□需要予測をキャパシティ設計に連携している
□必要に応じてITサービスへの需要に影響を与えている

ユーザー・プロファイル	事業活動パターン
管理職	•基本的に社内での活動が多いが、四半期に1度は国内出張がある •毎月20～25日は部下とともに客先訪問を行うことが多い •社内での活動は専ら会議と、メールによる連絡や調整等 •毎月月末には締め処理があるため、管理職が利用するITサービスの利用が高頻度となる •定時前出社、定時後1～3時間残業することもあるが、近年は残業時間は減少傾向にある
営業部門	•ほとんど社内にいない。基本的には担当エリアのお客様訪問をしており、出張はない •営業活動は、お客様先を直接訪問し、必要に応じて提案書作成やメールによる連絡と調整等を実施 •印刷が必要な書類については、オフィスに戻って印刷。間接部門に印刷を依頼し、オフィスに受け取りに戻ることもある •出退勤などの申請はモバイル経由で行う
間接部門	•定時に出社し、退社している •基本的に社内での活動を行い、仕事で社外に出ることはない。出張もない •所属部署ごとに異なるITサービスを利用しているが、共通して言えることは印刷が多い •毎月月末には締め処理があるため、特に業務が忙しくなる傾向にある

分析結果をITサービスと紐づけて
利用状況を把握し、需要を予測する

図13 ユーザー・プロファイルと事業活動パターンの例

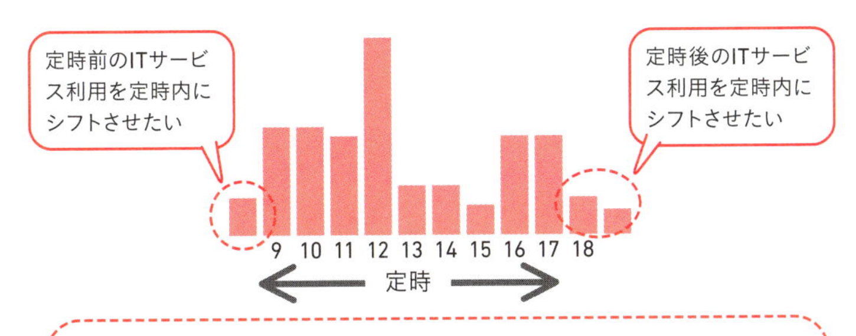

対策①：定時時間外のITサービスに関する問い合わせは通常よりも高額な課金を部門単位で行うことにする
対策②：人事部門と協力して定時時間外の就業改革を進める
対策③：定時時間外に問い合わせが多いユーザーの部署名や氏名をイントラネット（社内の掲示板）に掲示する

図14 需要を分析して需要に影響を与える

【サービスストラテジ(戦略)】

ITサービス財務管理

ITサービスに関する資金を投資対効果の高い方法で確保する

ITサービスごとにどれくらいのコストがかかりそうかを予測し、実際にかかっているコストを把握して、(必要に応じて) 回収することにより、ITサービスを財務面から健康的に管理できるようになります。これを「ITサービス財務管理」と呼びます。

これができるようになると、後述するサービス・ポートフォリオ管理 (P.174参照) も、より正確に実施できるようになります (図15)。

ITサービス財務管理では、次の業務が必要です。

●予算業務

「予算業務」で、金銭の支出を予測し、コントロールします。一般的には一年に一度、翌年度に使用するITサービスに関わる支出を予測し、その金額を見積もって確保します (予算取り)。

また、会計業務と連携して、日々の使用状況を監視し、予算との不一致を調整します。

●会計業務

「会計業務」とは、ITサービスの提供にかかっている実際のコストを把握し、文書化して説明できるようにしておくことです。予算業務と連携して、予算見積との不一致を調整できるようにしておきます。

●課金

「課金」とは、ITサービスに対する支払いを請求することです (任意)。

なお、多くの組織では、ITサービス・プロバイダはコスト・センターとして扱われているため、課金は行わないことが多いです。

～チェックしてみよう～

□ITサービスごとの設計・移行にかかった金額を把握している

□ITサービスごとの運用にかかった金額を把握している

□財務情報をサービス・ポートフォリオ管理に提供している

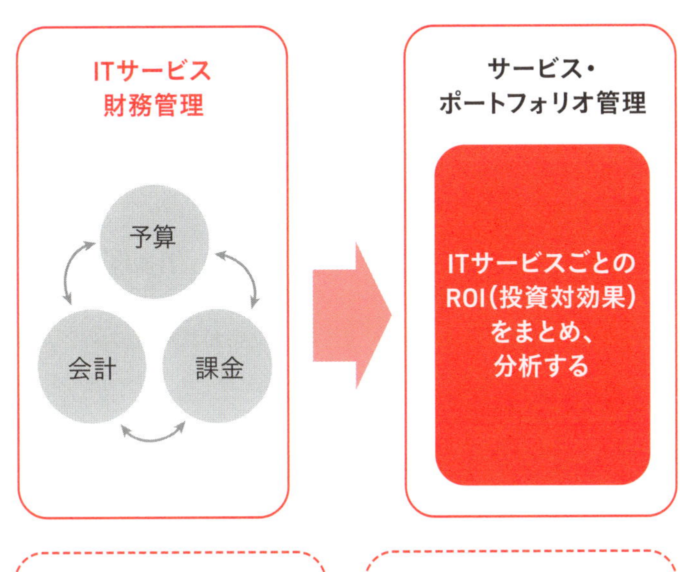

ITサービス財務管理を行うと、
サービス・ポートフォリオ管理もより正確に実施できる!

図15 ITサービス財務管理とサービス・ポートフォリオ管理の関係

【サービスストラテジ（戦略）】
サービス・ポートフォリオ管理
適切な投資で、必要な事業成果を満たすITサービスの組み合わせを持つ

関連ページ …… P.080

IT部門が提供するITサービスは常に事業部門にとって価値があり、投資対効果の高いものでしょうか。必要があって投資したものであっても、時間とともにその価値は下がっていくものです。また、新たに必要となるITサービスも出てきます。

ですから、常にアンテナを立てておき、最適なITサービスの投資計画を継続的に立案し続けることが大事です。これを「サービス・ポートフォリオ管理」と呼びます。

サービス・ポートフォリオとは、いわば「IT投資計画書」のようなものだと考えればよいでしょう。

第2章の旅館のケーススタディでも、大女将が若女将のメアリーさんに、3年後、5年後のサービスの案（サービス・ポートフォリオ）を求めていましたね。

サービス・ポートフォリオ管理には、次のステップが必要です。

●定義し、分析する

戦略的に検討しているものも含め、自社が保有する全てのITサービスの概要をまとめます（図16）。そして投資対効果を洗い出し、分析します。

また、各々の分析だけではなく、全体を見て優先度をつけ、どれを今後提供し、どれを廃止するかも吟味します。

●承認する（サービス・ポートフォリオ完成）

分析の結果を元に、今後提供するITサービスの予定をまとめます。これが「サービス・ポートフォリオ」となります。サービス・ポートフォリオは責任者が承認して、正式に確定します。

●制定する（発表する）

承認されたサービス・ポートフォリオの内容を関係者に伝えます。ビジネス側（顧客）の代表者に伝えることで事業関係が良くなったり、需要に影響を与えたりすることも可能です。

また、制定（発表）後は、IT部門のメンバーは新規サービスの設計に取り掛かったり、廃止予定のサービスの廃止計画について検討を開始したりすることになります。

> **～チェックしてみよう～**
> - □サービス・ポートフォリオ（IT投資計画書）を作成している
> - □サービス・ポートフォリオを関係者（IT部門のメンバーや顧客）に共有している
> - □各ITサービスの投資対効果を、運用費用も含めてしっかり計算して分析したうえで、新規立ち上げや廃止を決定している（思いつきや鶴の一声で決定していない、関係者がおおよそ納得している）

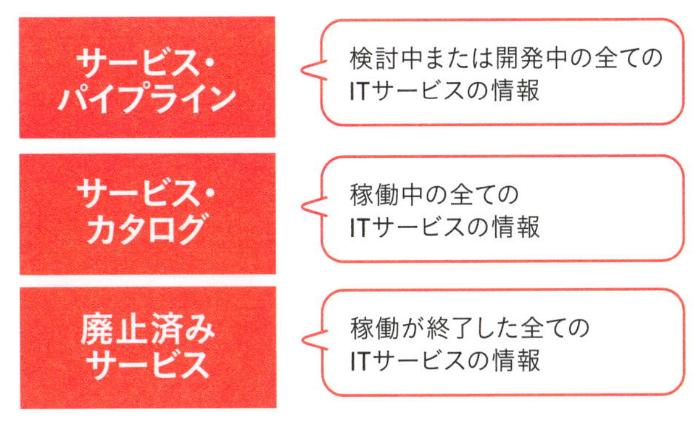

図16 サービス・ポートフォリオの構成

【サービスデザイン(設計)】
「サービスデザイン(設計)」とは?

ここからは、ITILの「サービスデザイン（設計）」の詳細を解説します。設計とは、「具体的な計画を立てること」です。「青写真を作る」とも表現されます。

例えば家を建てるときは、家の構造や機能を設計するだけでは済みません。その家に住む人の動線や家具の配置、日当たり、さらには周りの建物との関係などを考慮に入れながら設計していくはずです。

これは、ITサービスでも同じです。技術アーキテクチャのハードウェア、ソフトウェアなどの主機能を設計するだけでは完璧ではありません。ユーザーがどのように使用するのかを想像し、使い方がわからないときの問い合わせにどう対応するか、ITシステムが通常とは異なる動作をしたときはどうするか、既存の他のITサービスとの関係など、様々な要素を考慮に入れながら設計する必要があります。そのために行うのが「サービスデザイン（設計）」です（図17）。ITILでは、戦略を実現するための具体的な設計が必要だとし、顧客との合意の元、価値のある設計を行うには次の8つの管理が必要だとしています。

○サービスレベル管理
○サービス・カタログ管理
○可用性管理
○キャパシティ設計
○ITサービス継続性管理
○情報セキュリティ管理
○サプライヤ管理
○デザイン・コーディネーション

ではこれら8つの管理について紹介していきましょう

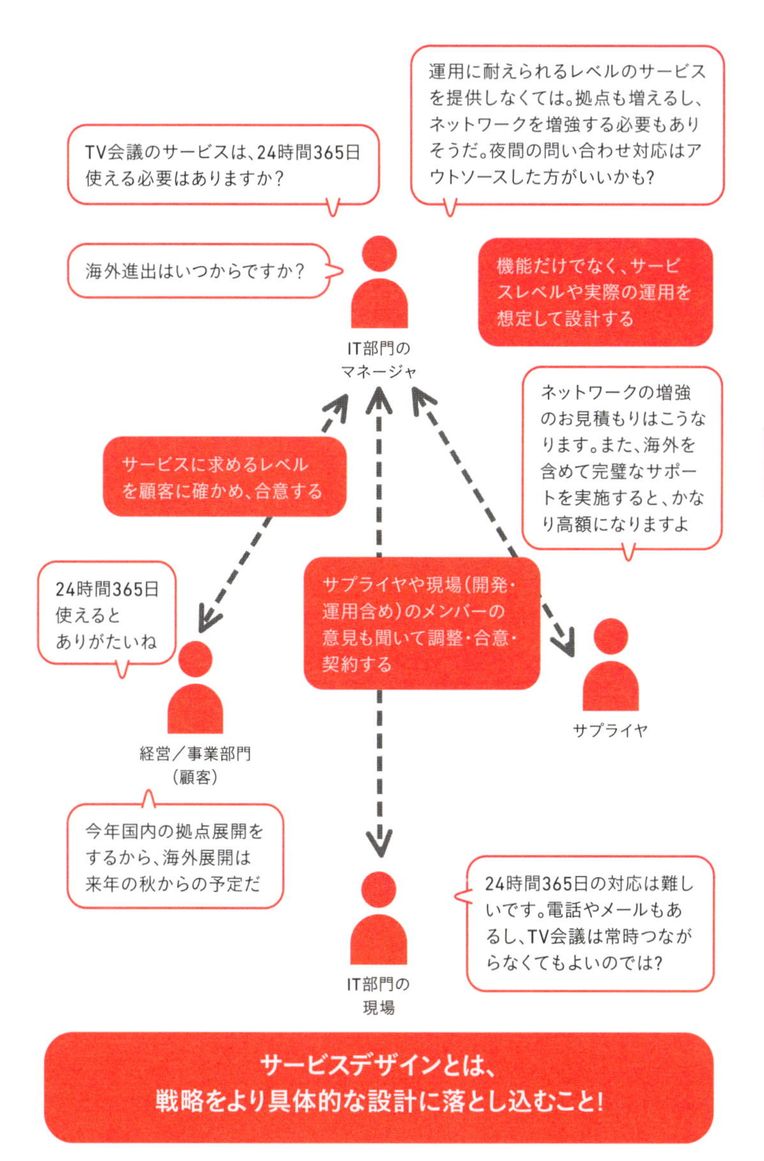

図17 戦略を具体的な設計に落とし込む

【サービスデザイン(設計)】

サービスレベル管理

サービスレベルについて顧客と交渉・合意しSLAを満たす

サービスレベルとは、簡単に言えば「サービスの品質をどの程度で提供するか」です。例えば、平日の午前10時から午後7時までしか営業していない喫茶店のレジは、真夜中に利用できる必要はありませんね。また、万が一レジが故障してしまっても、手動(電卓やソロバンで計算し、注文履歴は台帳に手書きで書き留める)で対応できるのであれば、レジはたまに故障しても大丈夫で、修理も翌日までにできていれば充分かもしれません。このようにサービスの「有用性」をどの程度「保証」するかの度合いを「サービスレベル」と言います。

このサービスレベルを管理するのが「サービスレベル管理」です。

サービスレベル管理を実現するためには、まずIT部門は事業部門の顧客に対して、どの程度のサービスレベルを求めているのかを確認する必要があります。次に、そのために必要となるITコストを算出・提示し、必要があれば交渉します(コストを減らす代わりにサービスレベルも下げる、サービスレベルを上げるためにIT投資を増やす、など)。最終的に両者が合意したら、その内容を文書にまとめ署名します。

この文書を「SLA」(Service Level Agreement:サービスレベル・アグリーメント)と呼びます。

SLAとは「ITサービス・プロバイダと顧客との間で交わされる合意」(出典「ITIL用語および頭字語集」)

SLAでは、ITサービスのレベルについて、P.156で紹介した保証の4項目、すなわち「可用性」「キャパシティ」「ITサービス継続性」「情報セキュリティ」について合意します。

合意が取れたら、合意したSLAを満たすために「モニタリング」を行い、その結果を「報告・レビュー」します(図18)。

●モニタリング

「モニタリング」とは、SLAで合意したレベルでITサービスを提供できているかを日々監視（モニタリング）し、データを測定することです。

●報告・レビュー

モニタリングで得た測定結果は、レポートにまとめて分析し、SLAで合意したレベルでITサービスを提供できたかを、顧客に報告しなければなりません。必要な場合は改善策を検討します。

～チェックしてみよう～
- □顧客とSLA（または目標）について話し合い、合意している
- □合意した目標を達成しているか、データを元に分析している
- □合意した目標を達成するための改善を行っている

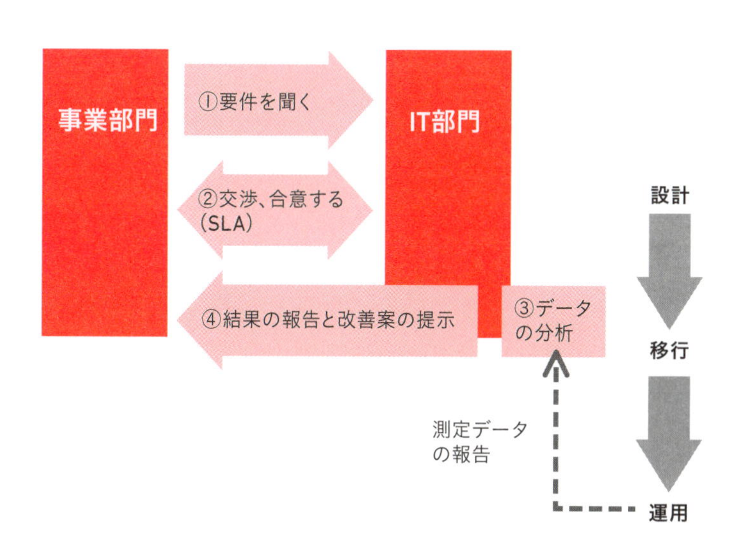

図18 サービスレベル管理の流れ

【サービスデザイン(設計)】

サービス・カタログ管理

最新のサービス・カタログを維持し、利用できるようにする

関連ページ …… P.064

「サービス・カタログ」とは、IT部門が現在提供しているサービスの内容をまとめたものです。サービス・カタログをまとめておくと、次のようなメリットが得られます。

顧客：サービスレベルの話し合いをする際に、前提となる「現在受けているサービス」の内容がわかるので、話をしやすくなる
ユーザー：自分が利用するサービスの内容がわかるので安心する(問い合わせがしやすくなる、質問せずともサービス・カタログを読めばわかることもある)
IT部門：サポート範囲や優先度がわかるので、効率良く対応できる

第2章の旅館のケーススタディでは、若女将のメアリーさんが、旅館の内容を外国人にもわかりやすいよう、カタログを作るよう指示していましたね。あれがサービス・カタログです。

サービスの提供内容やレベルは状況によって変化しますし、提供するサービスそのものも新しく追加されたり、廃止されたりします。

したがって、上記のメリットを得るために、サービス・カタログを常に最新となるように維持・管理することが大切です(図19)。これを「サービス・カタログ管理」と呼びます。

～チェックしてみよう～

- □サービス・カタログを作成している
- □サービス・カタログの内容はユーザーから見てわかりやすい
- □サービス・カタログを定期的にチェック・改版しており、実際に提供しているITサービスの内容とずれがない

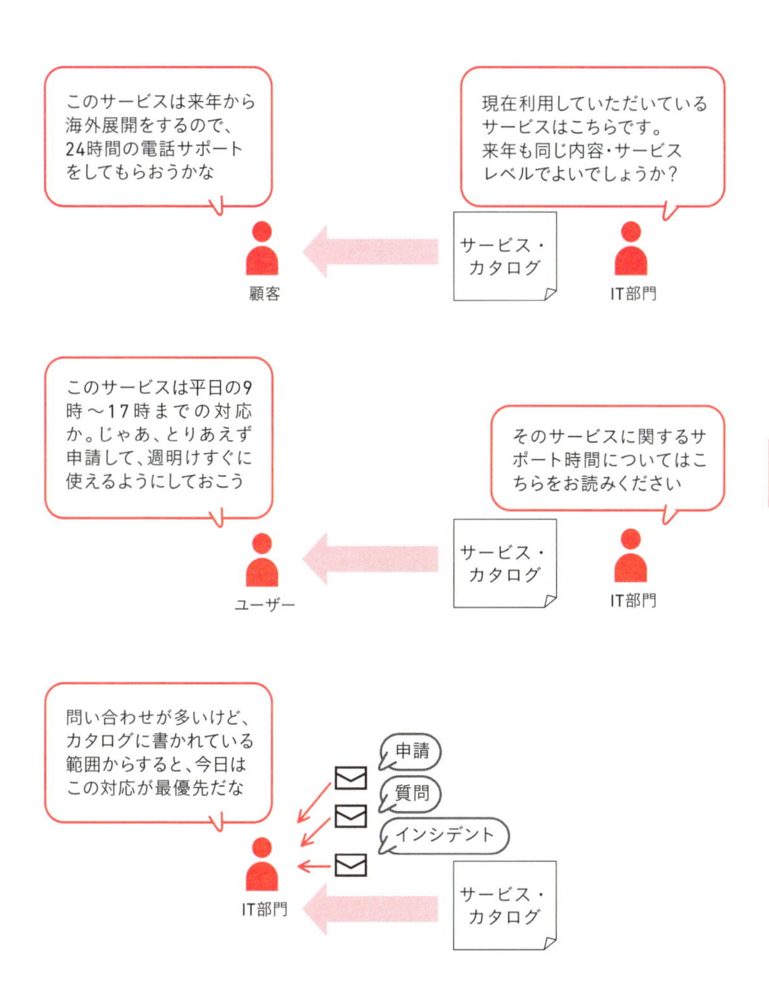

図19 サービス・カタログ管理のメリット

【サービスデザイン（設計）】

可用性管理

事業が必要なときにITサービスを使えるよう管理する

関連ページ …… P.076

「可用性」は、ITILでは次のように定義されています。

> 可用性とは「ITサービスまたはその他の構成アイテムが、必要とされたときに、合意済みの機能を実行する能力」（出典「ITIL用語および頭字語集」）

要は、「使いたいときにどれくらい使えるかの能力」が可用性だと言えます。そして、この可用性を管理するのが「可用性管理」です。

なお、可用性は「高ければ高いほど良い」と考える人も多いのですが、本当はそうではありません。事業にとって本当に必要なITサービスはどれなのか、そのITサービスが本当に必要なタイミング（月、曜日、時間帯）はいつなのか、どれくらい使えていなくてはいけないのかなどを顧客としっかり話し合い、それに応じた対策を立てることが重要です。なぜなら、可用性を高めるためには、一般的にはコスト（投資）がかかるからです。

また、IT機器やITシステムの技術的な部分だけの可用性を考えるのではなく、使い勝手や、ユーザーが問い合わせをしてきた際の対応なども含めた「サービス全体の可用性」を検討しなければなりません（図20）。そのうえで、適切な可用性計画の立案と実装、運用に入ってからの測定とレビュー、改善を繰り返すことが、最適な可用性管理につながります。

～チェックしてみよう～

- □ITサービスごとに必要なタイミング（曜日や時間帯）について顧客と話し合い、SLAで合意している
- □合意した可用性の目標値を達成するために、システムの二重化

だけでなく、サービスデスクの強化など、サービス全体としての対策を打っている
□運用メンバーから可用性に関する測定データを受け取り、分析して改善策を検討している

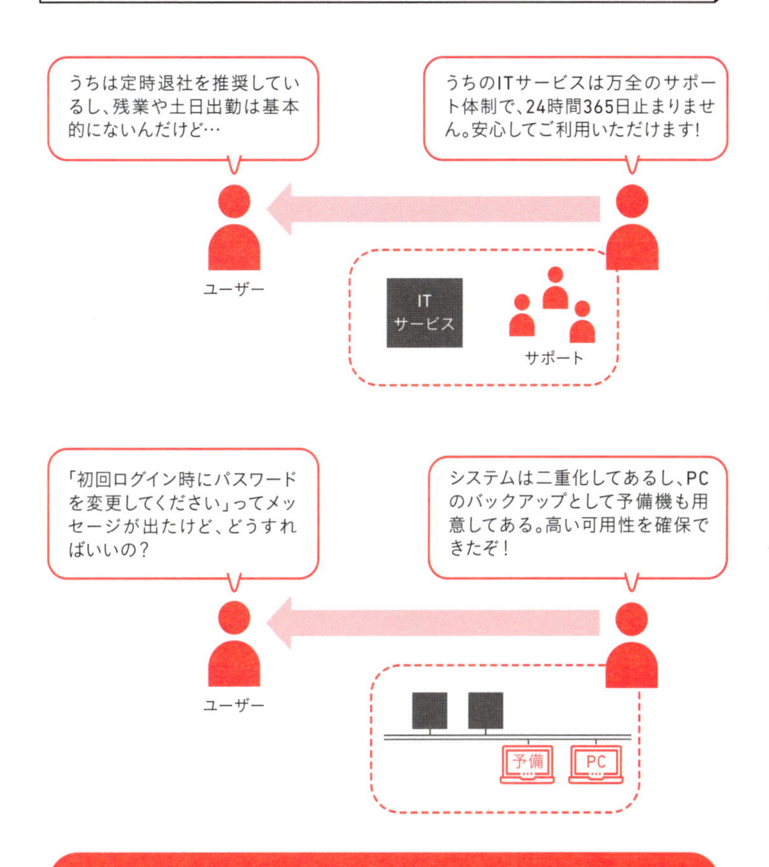

可用性管理では、IT機器やシステムの技術的な部分だけでなく、使い勝手を含めた「サービス全体の可用性」を検討することが大事!

図20 可用性は「高ければいい」わけではない!

【サービスデザイン(設計)】

キャパシティ管理

ITサービスのキャパシティとパフォーマンスを最適に管理する

関連ページ …… P.076

キャパシティとは、簡単に言えば「大きさや容量」です。キャパシティを確保し、最適なパフォーマンスを提供するために行われるのが「キャパシティ管理」です。

キャパシティ管理では、ネットワークの帯域幅やサーバルームの広さ、IT部門の人数など、サービスを構成するコンポーネントのキャパシティだけでなく、その結果としての「ITサービスのパフォーマンス」も管理しなければなりません（図21）。例えば、毎日100件もの問い合わせが来るサービスデスク（一次窓口）の担当者が2人だけだと、電話がパンクしてしまい、パフォーマンスが悪いはずです。したがって、人数を増やして最適なパフォーマンスになるように改善する必要があります（コンポーネント・キャパシティ管理）。また、何人に増やせば最適と言えるかは、顧客が最適と感じるサービスレベルに基づきます。したがって、SLAの交渉をしている際に確認を取ることになります（つまり、サービスレベル管理の活動と連携します）。「ずっと話し中では困るので、せめて2〜3回かけ直したら電話に出て欲しい」とか「電話でなくても、メールで受け答えしてくれてもいい」というような要望を元に、そのためには何人ぐらいが必要かを割り出し、必要となるコストを算出します。顧客がそのコストを支払ってよいと認めてくれれば、サービスデスク要員の増強を実施します（サービス・キャパシティ管理）。さらに、もし仮に来年社員を2倍にする事業計画があるとすると、単純計算でも問い合わせは200件になりますので、そのための対策（サービスデスクの増員やネットワークの増強など）を検討して進めていくことも大切です（事業キャパシティ管理）。

このようにITILではキャパシティ管理プロセス内に「コンポーネント・キャパシティ管理」「サービス・キャパシティ管理」「事業キャパシティ管理」という3つのサブプロセスを紹介しています（図22）。

～チェックしてみよう～

□キャパシティの設計は今後数年の利用予測を事業側から事業計画を入手したうえで、根拠をもって分析・予測している

□SLAに基づき設計した通りのキャパシティの利用量やパフォーマンスかどうかを、運用に入ってから測定している

□測定データを元に、キャパシティのチューニングなどの改善を行っている

必要となるキャパシティ

実際のキャパシティ

・サーバルームが狭くて機器や人が入りきらない！
・ディスクサイズ不足でシステムダウン発生！
・ネットワーク帯域が一杯でネットワークが遅い！
・サポート要員が足りない！

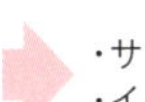

・サービス品質の低下
・インシデントの発生

実際のキャパシティ

必要となるキャパシティ

・リソースが余る!
・ムダな投資となり、余計なコストが発生する!

・ROI(投資対効果)の低下
・機会損失(もっと有効な使い方があったはず)

図21 キャパシティ管理が適切でないと…

名称	
コンポーネント・キャパシティ管理	ITサービスを構成するコンポーネント(ハードウェア、ソフトウェア、マニュアル、サポート要員など)のキャパシティについて、使用率やパフォーマンスを測定・分析し、必要に応じてチューニングすること
サービス・キャパシティ管理	現在運用中のITサービスのパフォーマンスがSLAで合意したレベルを保証するように、各ITサービスのパフォーマンスを測定・分析し、必要に応じて改善すること
事業キャパシティ管理	ITサービスに対する事業部門のニーズと事業計画を把握し、将来必要になるキャパシティを適切な時期に計画・実装できるようにすること

図22 キャパシティ管理の3つのサブプロセス

【サービスデザイン（設計）】

ITサービス継続性管理

ITサービスに深刻な影響を与える可能性のあるリスクを管理する

継続性とは、名前の通り「続けていること」です。ITサービスが何らかの事情で使えなくなった場合、顧客に大きな悪影響が出ます。そこで、ITサービスの「継続性」を管理しなければなりません。それが「ITサービス継続性管理」です。

ITILにおけるITサービス継続性管理とは、特に災害やテロなどの不測の事態が発生した場合に、「どのITサービスをどの程度続けるようにするのか」を管理することを指します（図23）。

多くの企業では「事業継続性管理」を実施しており、不測の事態が発生した場合に、どの事業をどの程度続けるのかを決め、その対策を立てています。

したがって、ITサービス継続性管理は、この事業継続性管理と連携して管理していかなければ意味を成しません。

▶「不測の事態」にどう備えるか？

例えば、災害対策でよく検討されるのが「データセンター」の活用です。データセンターとは、企業のITシステムを安全に保存するための専用施設のことで、防火設備や発電設備など、万が一に備えた設備が整えられています。

頑強なデータセンターでITシステムを稼働させていれば、万が一災害が発生してもITシステムは守られます。

しかし、全てのITシステムを守る必要があるのでしょうか？データセンターの活用には当然ながらコストがかかるため、「データセンターに預ければそれでOK」というわけにはいきません、

逆に、「データセンターが高価なので使用しない」という判断をした場合、それは本当に正しい判断だと言えるでしょうか？

正しい判断を下すには、リスク発生時に受ける被害についての「リ

スク分析」を行い、事業の何をどこまで継続する必要があるのかを決定したうえで、それを支えるITサービスに対する適切な投資を決定しなければなりません。

そのためにも、ITサービス継続性管理が大切になるのです。

> **～チェックしてみよう～**
> □企業全体として、リスク分析を行っている
> □リスク発生時の緊急事態体制が決められており、関係者が認識している
> □リスク発生時の訓練（IT側の避難や復旧訓練）を行っている

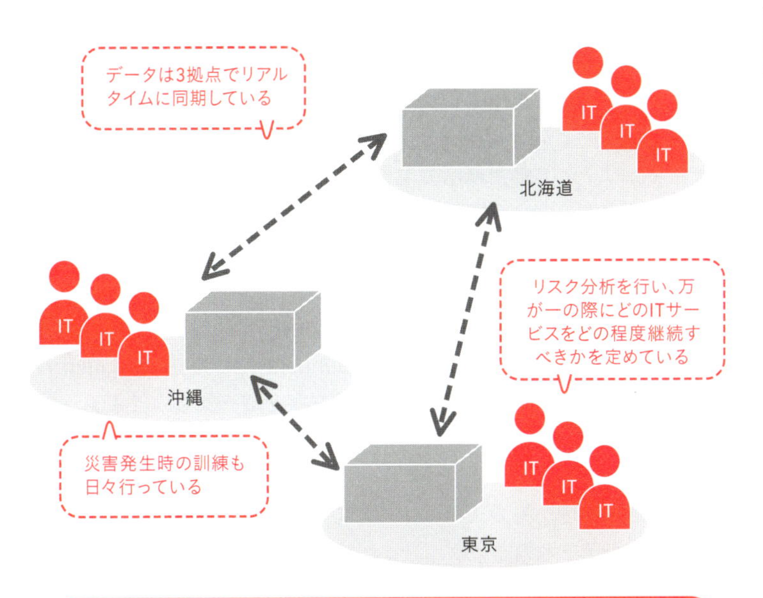

ITサービス継続性管理では、ITサービスに深刻な影響を与えるリスク（不測の事態）を分析し、ITサービスの継続性を保証する

※リスクは本来、成果の不確実性を指します

図23 ITサービス継続性管理の例

【サービスデザイン(設計)】
情報セキュリティ管理
ITサービスの「セキュリティ」を管理する

ITサービスには、「セキュリティ対策」が欠かせません。企業のIT部門は、組織の資産、情報、データだけでなく、ITサービスそのものが安心・安全に守られるように管理する必要があります。そのために行われるのが「情報セキュリティ管理」です。情報セキュリティ管理を正しく実践するには、まず「情報セキュリティ方針（情報セキュリティポリシー）」を策定します。そしてこれに紐づくルールを決め、社員（IT部門だけでなく事業部門全員）と、関係するサプライヤに対して情報セキュリティ方針を伝達し、それが実装・運用されるようにします。

さらに、サービスオペレーションのアクセス管理と連携しながら、情報セキュリティ方針が運用の現場で実行されているかを確認し、必要に応じて徹底のための訓練を強化したり、環境の変化に合わせて情報セキュリティ方針を見直したりする必要があります（図24）。

なお、情報セキュリティ管理では、特にセキュリティの「CIA」が、事業の合意されたニーズに対応しているように管理しなければなりません。セキュリティのCIAとは、「Confidentiality（機密性）」「Integrity（完全性）」「Availability（可用性）」の頭文字を取ったものです。

●Confidentiality（機密性）

情報が、知る権限を持つ人々によってのみ閲覧可能で、またそれらの人々にのみ公開されること。

●Integrity（完全性）

情報が完全かつ正確で、無許可の修正から保護されていること。

●Availability（可用性）

必要時に情報を入手および利用可能であること。

～チェックしてみよう～
- □情報セキュリティ方針が存在する
- □情報セキュリティ方針を読んだことがある
- □情報セキュリティ方針に基づく運用がなされているか測定されてレビューされている

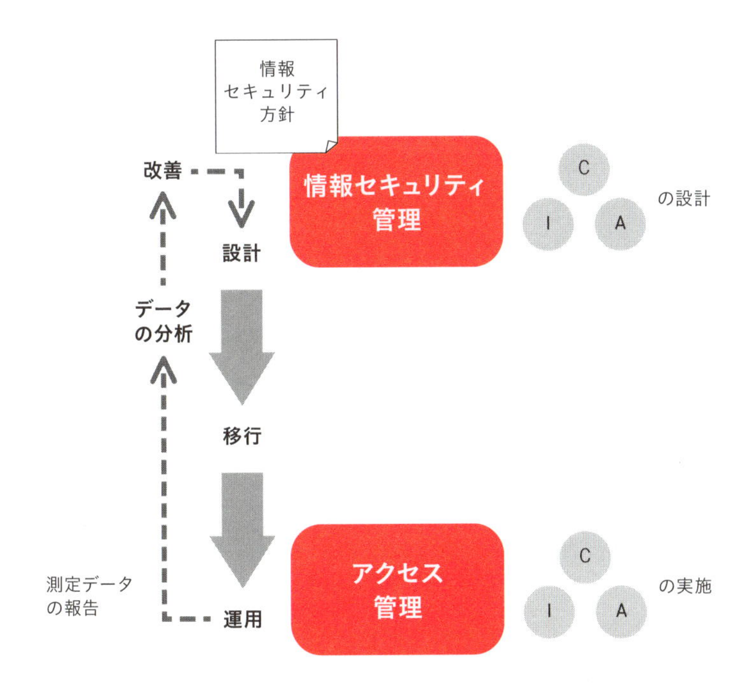

図24 情報セキュリティ管理のイメージ

【サービスデザイン（設計）】

サプライヤ管理

価値あるITサービスを提供するために、サプライヤを管理する

関連ページ …… P.068

サプライヤ（外部サービス・プロバイダ）と、サプライヤから提供されるITサービスを管理し、顧客に対してより良いITサービスを提供することを目指すのが「サプライヤ管理」です。

「より良いITサービス」とは、SLA（サービスレベル・アグリーメント）を達成するITサービスを指します。

SLAについては、P.178で解説しました。そもそもITサービスを顧客に提供する場合は、どのITサービスをどの程度のサービスレベルで提供するかについて合意し、SLAをまとめなければなりません。そしてその一部を、適切なサプライヤにアウトソースするわけです。したがって、アウトソースする範囲とレベルについて、SLAと整合を取れるようにサプライヤを選定し、交渉して契約を締結する必要があります※。

なお、ITILではサプライヤとの契約を「UC」(Underpinning Contract：外部委託契約）と呼びます。Underpinningとは「下支えする」という意味で、「SLAを下支えする契約」を表しています。

▶サプライヤとの契約内容を見直す

サプライヤと契約を締結すれば、それで完了というわけではありません。契約後に、サプライヤがしっかりと契約通りのサービスを提供してくれているかを確認し、必要に応じて改善を促すことも必要です(図25)。また、場合によっては、環境が変わったり、顧客とのSLAが変更したりすることもあるでしょう。

その場合は、変更内容に従ってサプライヤと契約内容（UC）を見直すことも必要となります。第2章の旅館のケーススタディでも、若女将のメアリーさんが、提携している旅行会社の分析やアンケート結果の確認に着手していましたね。あれもサプライヤ管理の一つです。

※SLAの確定後にそれを実現できるサプライヤを探したり、内容と予算を満たすようにサプライヤと交渉するという方法もありますが、SLAの交渉と並行してサプライヤの選定や交渉も行うのが現実的です。

～チェックしてみよう～

□サプライヤとの契約は、顧客とのSLAと整合が取れている

□サプライヤが提供するITサービスの内容が契約と合致するかチェックしている

□契約更新時には、単純に契約を継続するのではなく、そのサプライヤと話し合い、より良いITサービスを顧客に提供できるかどうか吟味している

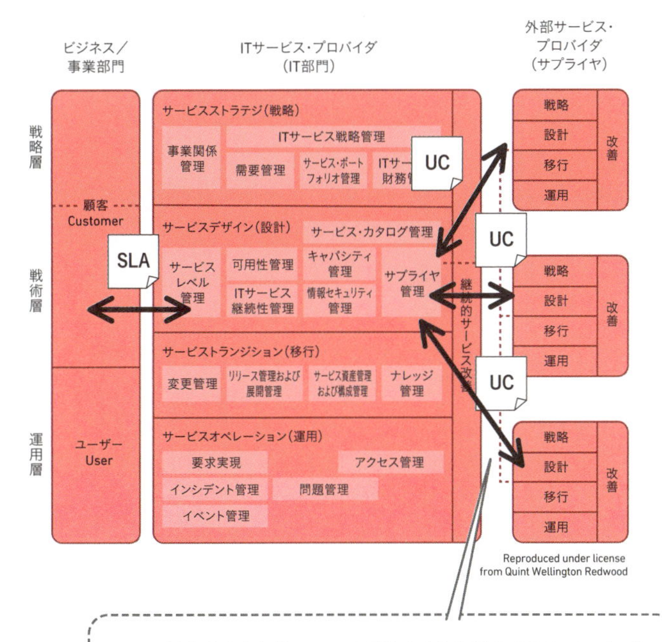

図25 サプライヤ管理のイメージ

Chapter 05 あらためて…ITILの概要と活用

【サービスデザイン（設計）】
デザイン・コーディネーション
サービスデザインの全ての活動、プロセス、リソースを調整する

多くの場合、ITサービスの設計は、それぞれの専門家が複数名で分担して、自分の得意分野の設計を行います。

しかし、それぞれの設計内容がうまく調整されなければ、ITサービス全体に齟齬のない、一貫性のある設計ができているとは言えません。

▶「サービスデザイン」を完成させるために

「デザイン・コーディネーション」とは、各技術、ライフサイクルの各段階（戦略、設計、移行、運用、改善）と、そこに含まれる各プロセス、リソース（ヒト、モノ、カネ）、その他の側面（サービス・ソリューション、技術アーキテクチャと管理アーキテクチャ、測定、他のITサービスとの関係、管理の仕組みなど）…これら、設計に関するありとあらゆることをコーディネート（調整）する活動を指します（図26）。このデザイン・コーディネーションができていないと、サービスデザイン（設計）は完成しません。

言い方を換えれば、デザイン・コーディネーションは、サービスデザイン（設計）を取りまとめるプロセスであり、設計の結果に最終的な責任を負うフェーズだと言えます。

～チェックしてみよう～

□ITサービスを設計する際には、インフラストラクチャ、アプリケーション、ネットワーク等の各種技術者が連携している

□ITサービスを設計する際には、設計・開発メンバーだけでなく、運用メンバーも参加している

□既存のITサービスや今後リリース予定の他のITサービスとの連携も考えながら設計を行っている

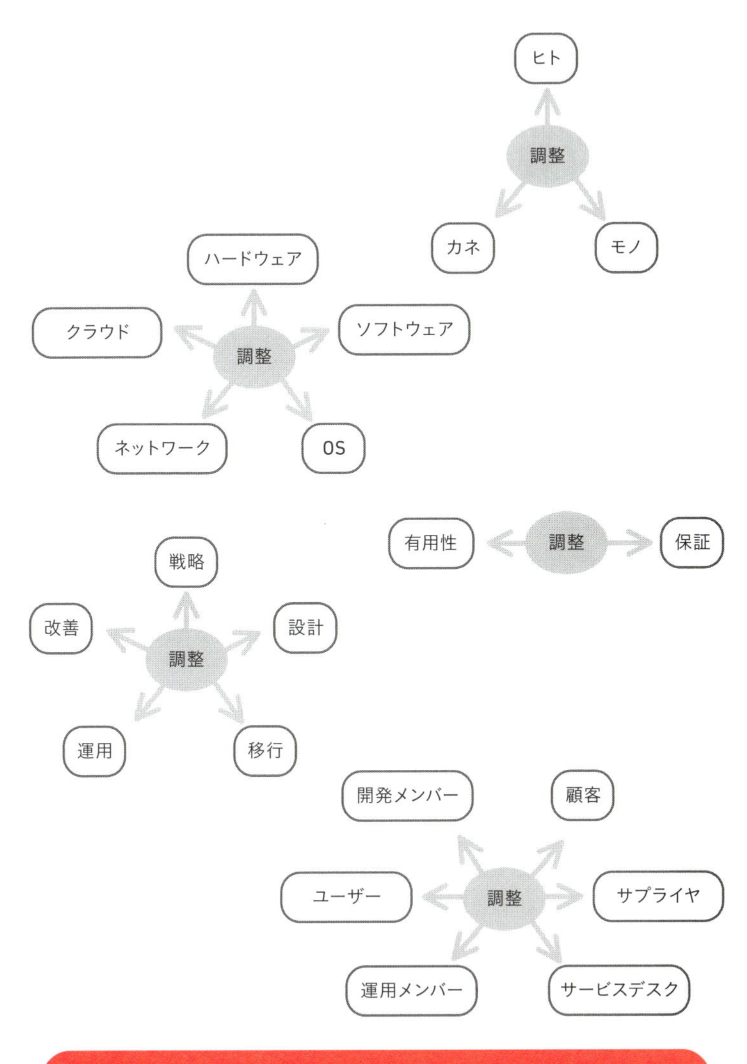

図26 デザイン・コーディネーションのイメージ

【サービストランジション（移行）】

ITIL 「サービストランジション（移行）」とは？

ここからは、ITILの「サービストランジション（移行）」の詳細を解説します。

サービスデザインで設計されたITサービスを、設計通りに運用するためには、開発・構築、テスト、引き継ぎ、使い方のトレーニングなどが必要です。「サービストランジション」では、これらの設計から運用への「橋渡し」に当たる部分についてまとめられています。

例えば、何らかの新しいITサービスを開始した後、「テストに不足があったので、運用に入ってから様々な不具合が明らかになった」「システム移行は技術的には問題なく成功したのだけれども、使い方がわかりづらく、ユーザーからの問い合わせが殺到してしまった」などという経験はないでしょうか。

このような事態を防ぐために大切になるのがサービストランジションです（図27）。ITILでは、設計内容を確実に運用で実現するための移行のタイミングで何をどう管理するべきかについて、以下の7つを紹介しています。

- ○変更管理
- ○リリース管理および展開管理
- ○サービス資産管理および構成管理
- ○ナレッジ管理
- ○移行の計画立案およびサポート
- ○変更評価
- ○サービスの妥当性確認およびテスト

ここからは、サービストランジション（移行）の中で、特に中心となる最初の4つについて紹介します。

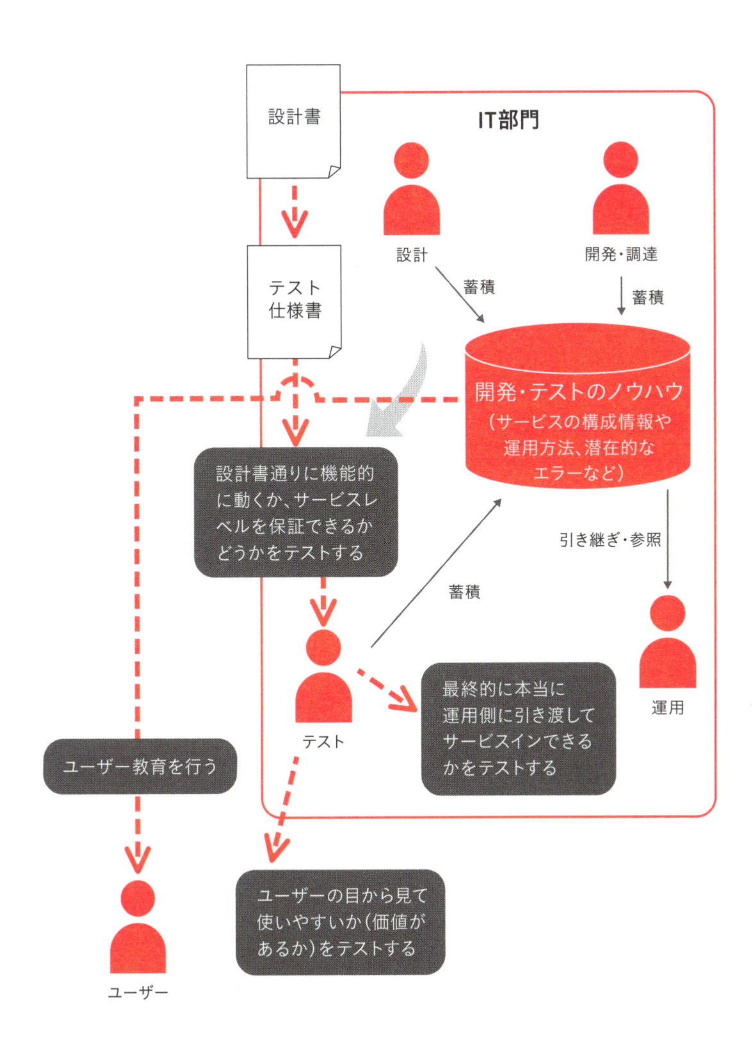

図27 設計から運用の「橋渡し（移行）」も大切！

【サービストランジション（移行）】

変更管理

ITサービスを中断させずに有益な変更を実施できるよう管理する

関連ページ …… P.106

「変更」は、ITILでは次のように定義されています。

> 変更とは「ITサービスに影響を及ぼす可能性のあるものを、追加、修正、または削除すること」（出典「ITIL用語および頭字語集」）

「変更」を行った際に、ITサービスの中断などの悪影響を及ぼさず、スムーズにITサービスを継続するために行うのが「変更管理」です。具体的には、例えば次のようなステップが求められます。

- ○サービスデスク（一次窓口）のサポート時間を変更する
- ○機能を追加する
- ○マニュアルを修正する
- ○新しいシステムを導入する
- ○バグ修正パッチを適用する
- ○Windows updateを全てのPCに配信する
- ○あまり使用されていないサービスを終了する

ITサービスに関わる変更を実施する際には、何が起こるかわからない（つまり、リスクが高い）ので、厳重な注意が必要です。ROI（投資対効果）を判断するのはもちろんですが、現行のサービス運用を中断せず、さらにユーザーの混乱を本当に最小限に抑えて変更できるかどうかをしっかり吟味してから進めるべきです。

▶ CAB（変更諮問委員会）

これらを判断するには、技術的に詳しい技術者（IT部門の中の専門的な技術者とサプライヤ）だけでなく、ユーザーに近いサービスデスクや運用メンバー、そしてユーザーの意見（利用者としての意見）や顧客の意見（ITサービスに投資している責任者として事業の観点からの意見）も聞くことが望ましいとされています。

例えば、第3章の喫茶店のケーススタディでは、アルバイトのアキラ君が「モーニングセットC」を企画しましたが、メニューの検討段階で洗い場の山本先輩の意見を聞いておらず、溶けたチーズが皿にこびりついて洗いづらく、朝の忙しいときには不向きだということが後からわかったため、販売中止になってしまいましたね。

このような事態を防ぐためにも、なるべく多角的な角度から関係者の意見を聞くのが望ましいわけです。

なお、この関係者を集めて実施する会議をCAB（キャブ）と呼びます。CABは「Change Advisory Board」の略で、「変更諮問委員会」とも訳されます※。

▶変更の3つの種類

ただし、変更があるたびにCABを開催するのはムダが多いので、ITILでは以下のように、変更を少なくとも3種類に分けて、臨機応変に効率良く管理することを推奨しています。

①通常の変更

「通常の変更」は最も一般的な変更で、後述の急ぐ変更（緊急の変更）でもなく、また、手順が確立している変更（標準的な変更）でもないもののことです。

この場合、変更するにあたり、何が起きるかわからない（つまり、リスクが高い）ので、なるべく多くの関係者を集めてCABを開き（一般的には毎週1回など定期開催）、しっかり吟味したうえで変更すべきかどうか判断します。また、テストもしっかり行ったうえで、稼働環境に展開します。

※本書で説明を省略した「変更評価」（P.194参照）は、このCABをはじめとして、正式なプロセスに従う必要がある場合の評価プロセスをまとめたものです。

②緊急の変更

「緊急の変更」は、インシデントが発生しており、その解決のために可能な限り迅速に実施が必要な変更です。

緊急事態なので、次回のCABまでは待てないため、「ECAB(Emergency CAB：緊急変更諮問委員会)」を開催し、主要メンバーで判断します。

もちろんリスクが高いので、この場合も最低限必要なテストを実施したうえで展開します。

③標準的な変更

「標準的な変更」は、標準的な手順が確立されており、責任者によってその手順（とコスト）が承認されている変更です。

手順通りに実施すれば失敗するリスクはない（非常に低い）ので、CABを開催する必要はなく、運用メンバーが手順に従い変更を実施するのみとなります。

以上のことからもわかるように、変更管理とは「変更に伴うリスクの管理」と言えます。

「何かを変えれば何かが起きる」のが変更です。したがって、ITサービスの中断を最小限に抑えるために、「リスクが高い変更については、多角的な視点でその変更を吟味すること」、そして「リスクが低い変更については、なるべく効率的に処理すること」という2つのバランスが求められます（図28）。

※「変更すべきかどうかの判断」の場は、リリース判定会議ではなく、そもそも変更すべきかどうかを吟味する会議（CAB）です。

~チェックしてみよう~

□変更したいことがあれば、決まったフォーマット（RFC「変更要求」）に入力して所定の窓口に提出するように決まっている

□変更すべきかどうかの判断※には、事業側のメンバーも参加している

□変更についての判断と実装結果について記録し、分析したり、次回以降のCABでの判断材料として活用したりしている

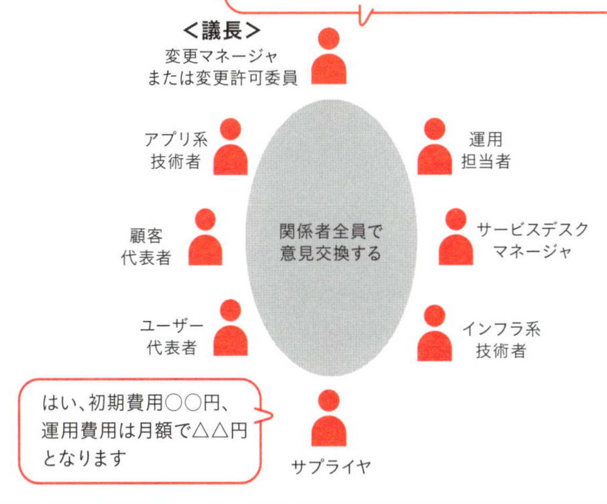

変更管理では、全ての関係者と情報共有し、「リスクが高い変更については、多角的な視点でその変更を吟味すること」と「リスクが低い変更については、なるべく効率的に処理すること」を目指す！

図28 変更の際は関係者全員の意見を聞く

【サービストランジション（移行）】
リリース管理および展開管理
リリースの構築、テスト、展開を管理し、新しい機能性を提供する

関連ページ …… P.102

前回紹介した「変更管理」は、変更してよいかどうかを判断するためのものでした。サービスを正しく運用するには、「変更してよい」と許可された変更を、サービスの中断なく、またユーザーの混乱もなるべく少なく遂行し、想定していた「変更の目的」をきちんと実現できるように管理しなければなりません。ITILでは、これを「リリース管理および展開管理」と呼んでいます。

ITILでは、「リリース」と「展開」を次のように定義しています。

リリースとは「一緒に構築され、テストされ、展開される、ITサービスに対する1つまたは複数の変更」（出典「ITIL用語および頭字語集」）

展開とは「新規または変更されたハードウェア、ソフトウェア、文書、プロセスなどを稼働環境へ移行することを責務とする活動」（出典「ITIL用語および頭字語集」）

第3章の喫茶店のケーススタディでも、アルバイトのアキラ君が「善かれ」と思って実施した改善の数々が、引き継ぎやテストができていなかったために、むしろ周囲に迷惑をかける結果になってしまいましたよね。このような事態を防ぐためにも、「リリース管理および展開管理」が重要になるのです。

では、具体的に必要となる「リリース管理および展開管理」のステップを見ていきましょう。

①全体方針や展開パターンを決める

まず、全てのリリースと展開に共通となる全体方針を決めます（基本的に毎週土曜日の午後1時から日曜日のお昼の12時までにリリースする、テストの際は開発者と異なるテスト担当者がテストを行う、基本となる共通のテスト項目を用意している、など）。

②リリース計画、展開計画を立てる

次に、変更管理のCABやECAB（P.196、P.198参照）で許可された変更について、それが展開されるまでの計画を立てます※1。

③リリースを構築し、テストする

続いてリリースを作り､1つまたは複数のリリースをまとめたリリース･パッケージを作成して、テスト仕様書に基づいてテストします※2。そして、テスト結果を元に、変更管理から展開の許可を得たリリース･パッケージは「確定版」として所定の場所に保管します。

④稼働環境に展開する

さらに、確定版のリリース・パッケージを取り出し、稼働環境に展開します。

⑤展開をレビューしてクローズする

最後に展開結果をレビューし、完了します。1つの変更に紐づく全ての展開が完了したら、変更管理に連絡します。

ここまで行って、初めて「リリースと展開」が完了するのです（図29）。

※1　本書で説明を省略した「移行の計画立案およびサポート」（P.194参照）は、これらの計画に関するプロセスをまとめたものです。

※2　本書で説明を省略した「サービスの妥当性確認およびテスト」（P.194参照）はこれらのテストおよびそもそものITサービスの妥当性に関するプロセスをまとめたものです。

～チェックしてみよう～

□ITサービスを新規に展開する際も、運用中のITサービスの一部を変更する際も必ず計画を立ててから進めている
□テスト項目をパターン化して用意している
□機能をテストするだけでなく、SLAで合意したサービスレベル（可用性、キャパシティ、ITサービス継続性、情報セキュリティ）の目標値を達成できるか、ユーザーにとって使いやすいサービスとなっているかもテストしている

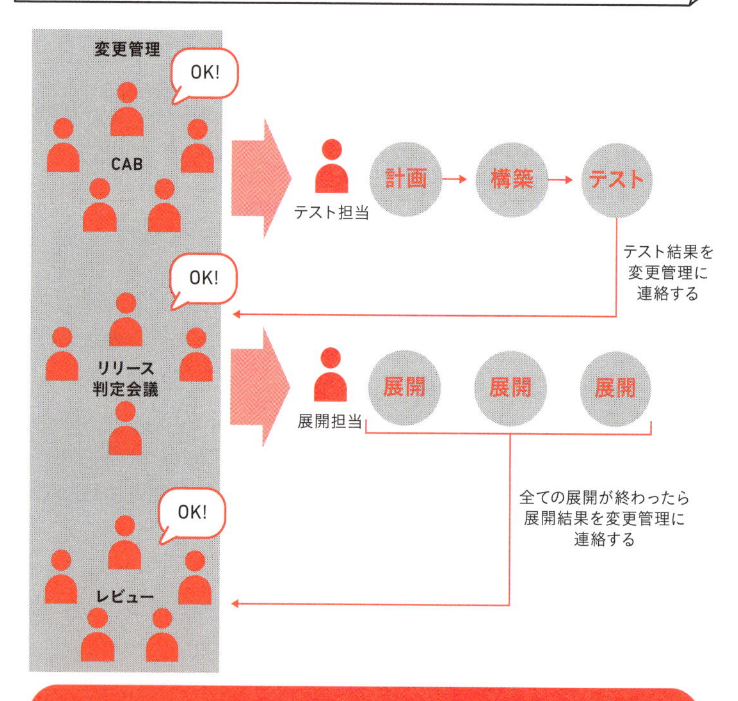

リリースのテストや展開をしっかり管理し、新しい機能性を適切に提供するのが「リリース管理および展開管理」

図29 変更を正しくリリース・展開する

【サービストランジション（移行）】
サービス資産管理および構成管理
資産を管理し、正確な情報を必要なときに利用できるようにする

関連ページ …… P.110

ITサービスは、様々な要素で構成されています。一般的には、以下のようなものが挙げられます。

- ○サーバ
- ○ネットワーク機器
- ○サービス・カタログ
- ○アプリケーション
- ○SLA
- ○技術者（人材）
- ○PC
- ○マニュアル
- ○ライセンス

これらが現在どのような構成になっているのかを把握することは、良いサービスを提供し続けるために欠かせないことです。

例えば、ユーザーから「旅費精算システムにアクセスできない」という問い合わせが来たとします。その際に、何を調べればよいかを迅速に判断するためには、旅費精算システムを構成しているサーバがどこにあって、どのような構成で、どのネットワークにつながっていて、ユーザーが使用しているPCのOSやブラウザのバージョンが何なのかなどの情報を、あらかじめまとめておく必要があります。なぜなら、その方が障害の切り分けを行いやすいからです。

逆に、もしこれらの情報がわからない場合は、構成要素を一つずつ確認しなくてはならなくなり、調査に非常に時間がかかってしまいます。また、このインシデントの要因は、技術的なものではなく、ひょっとしたらそもそも「サービスの時間外」だというだけの話かもしれません。サービスの提供時間を確認するには、「旅費精算システム」のサービス・カタログやSLAも確認する必要があるでしょう。

このようにITサービスを構成するもので、その最新の状態やどのようにつながっているかを把握しておくべき対象を「CI」（Configuration Item：構成アイテム）と呼び、その情報を管理することを「サービス資産管理および構成管理」と呼びます（図30）。

~チェックしてみよう~

- □ITサービスの構成をまとめた文書やデータベースがあり、必要な人がアクセスできている
- □上記の文書やデータベースと実際の構成を定期的に見比べ、差異がないかどうか確認している
- □新しいITサービスを展開したとき、変更が発生したときなど、構成情報を更新するタイミングを決め、関係者が実践している

構成情報が管理されていない場合

旅費精算システムにアクセスできなくて困っています!

すみません、ご利用のPCのOSバージョンとブラウザ情報を教えてください

バージョン?ITに詳しくないから、よくわかりません

IT担当

ユーザー

では、そちらに確認に伺います

早くしてください。今日17時までに申請しないといけないんです

旅費精算システムってどのサーバで動いていたっけ? 一つずつリモートログインして確認しないとわからないな…困った…!

構成情報が管理されている場合

構成情報

旅費精算システムにアクセスできなくて困っています!

少々お待ちください。状況を確認します

旅費精算システムはSV003のサーバで稼働しているのか。SV003の状態を確認しよう

ユーザー

IT担当

お待たせしました。おそらく、使用されているブラウザがバージョンアップされていないからだと思います。これからリモートでバージョンアップしますので、5分ほどお待ちください

サーバもネットワークも大丈夫そうだな。ほかのユーザーもアクセスできているし、このユーザー固有の現象のようだ…

そういえば、警告が出ていたのを、忙しくて無視していました。ありがとうございました!

監視ツール

図30 サービス資産管理および構成管理のメリット

【サービストランジション(移行)】
ナレッジ管理
ITサービスに関わるナレッジ(知識)を管理する

関連ページ …… P.114

良いサービスを提供するためには、そのサービスに関するあらゆる経験やノウハウ、つまり「ナレッジ（知識）」を関係者間で共有し、活用することも欠かせません。

これにより、「他の人が時間をかけて見つけたナレッジを、同じ時間をかけて再度見つける」というようなムダを省くことができ、最適な意思決定を実現することができます。

第3章の喫茶店のケーススタディでも、カオリ先輩のナレッジが共有されていなかったので、どこに何があるかわからなかったり、人気メニューのプリン・ア・ラ・モードを作れなくなったりして、アキラ君達が苦労していましたね。ナレッジ管理が行われていないと、あのような事態に陥りやすいわけです。

▶ ナレッジを管理するには?

ナレッジを管理するためには、まずはデータや情報を収集し、記録しておかなくてはなりません（ITシステムのイベントがログに出力されるようにしておき、監視ツールを使ってそのログを1か所に集約する、ユーザーからのお問い合わせとその対応履歴を保存するなど）。

次に、それらの分析に基づく「ナレッジ」をまとめます。また、IT部門のメンバーをはじめとした関係者の属人的な経験やノウハウを文書やデータベースに記録共有し、「組織としてのナレッジ」を増強することも大事です（あるシステムの設定変更の際の失敗を共有する、作成したテスト仕様書をテンプレート化して共有するなど）。

質の高いナレッジが蓄積され、適切な人が適切なタイミングでアクセスできるようになると、ナレッジに裏打ちされた最適な判断、つまり「知恵」が生成されます。ナレッジ管理は、これ（知恵の生成）を目指してナレッジを管理します（図31）。

～チェックしてみよう～

□必要なデータや情報を記録し、定期的に分析している

□個人のナレッジを組織内で共有している

□適切な人が適切なナレッジに適切なタイミングでアクセスできるような仕組みがある

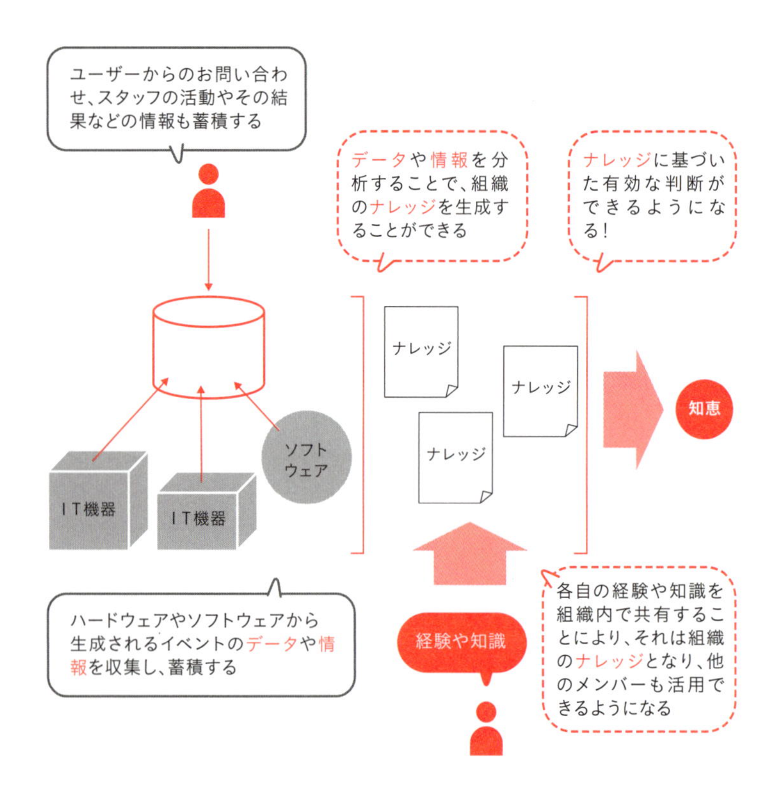

図31 ナレッジ管理で適切な「判断」を導く

【サービスオペレーション(運用)】
「サービスオペレーション(運用)」とは?

ここからは、ITILの「サービスオペレーション(運用)」の詳細を解説します。ITサービスをサービスデザインで設計した通りに実現し、ユーザーに提供する段階が「サービスオペレーション」です(図32)。

サービスデザイン(設計)では、顧客とSLAを合意し、それに基づいた設計をしているはずです。よって、「その設計通りに実現すること」は、つまり「顧客が求めている価値を提供すること」になります。

しかし、設計通りに運用していても、予想外のことは多々発生します。それらに適切に対処することによって、効率的かつ効果的に価値を提供することを追求していくのがサービスオペレーションです。サービスオペレーションでは、次の5つの管理が必要だとされています。

- ○要求実現
- ○インシデント管理
- ○問題管理
- ○イベント管理
- ○アクセス管理

では、それぞれの項目について詳しく見ていきましょう。

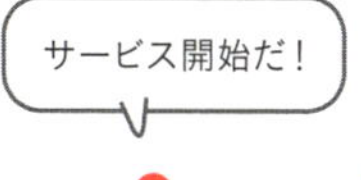

図32 正しいサービスオペレーションで価値を提供し続ける

【サービスオペレーション(運用)】

要求実現

ユーザーからの要求を迅速かつ確実に実現する

関連ページ …… P.094

サービスオペレーションでまず求められるのは、ユーザーからのお問い合わせや簡単な依頼（＝サービス要求）に迅速かつ確実に対応することです。これを「要求実現」と呼びます（図33）。

ITILでは、「サービス要求」を次のように定義しています。

> サービス要求とは「何かの提供を求めるユーザーからの正式な要求。例えば、情報や助言、パスワードのリセット、新しいユーザーのためのワークステーションの設置の要求など」（出典「ITIL用語および頭字語集」）

ユーザーからのサービス要求に迅速に、失敗なく対応するには、例えば次のような施策が挙げられるでしょう

- ○申請書を作り、必要事項をユーザーに入力してもらう
- ○申請が届けられたら、なるべく早く気づき、受け付ける
- ○担当者をすぐに割り振る
- ○担当者は、手順に従って実施する（この手順は事前に確認された間違いのないものであること）
- ○質問の場合は、FAQをまずは検索する（またはユーザーにFAQを公開して自分で検索してもらう）

できれば、これらがWeb経由で実施され、できるかぎり自動化されるのが理想だと言えます。

第3章の喫茶店のケーススタディでは、アルバイトのアキラ君が、よくある質問についてFAQをまとめていましたね。あれも「要求実現」の一種です。

～チェックしてみよう～

□ユーザーのお問い合わせ用フォーマットが決まっている
□ユーザーのお問い合わせとその対応履歴を記録している
□FAQの作成や自動化などにより、お問い合わせの対応を迅速化する施策を取っている

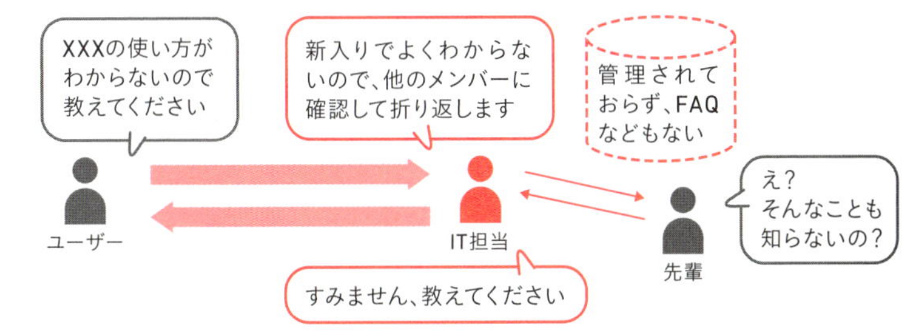

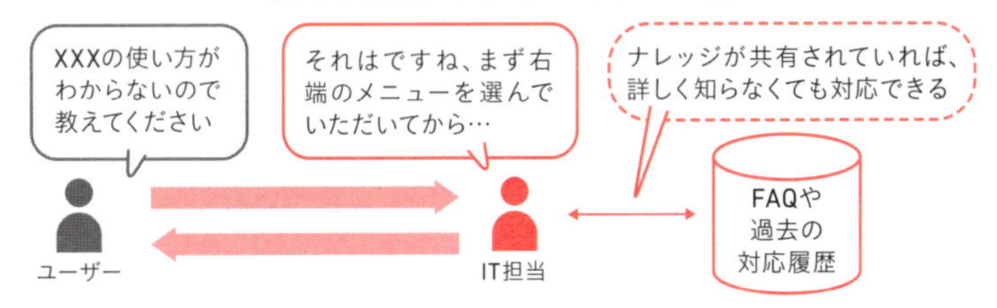

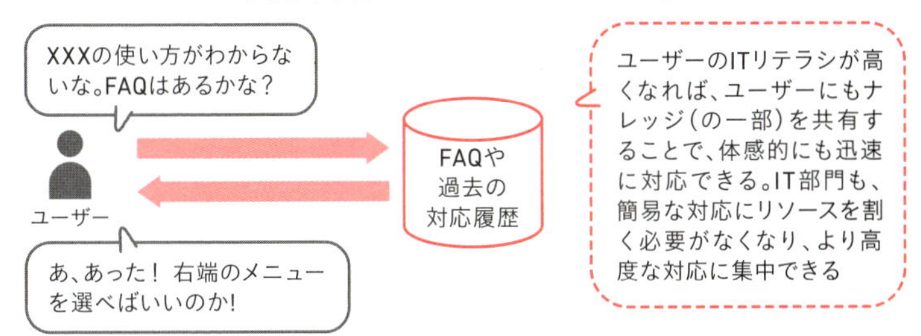

図33 適切な要求実現を行うと…

【サービスオペレーション(運用)】

インシデント管理

迅速に復旧してITサービスの中断を短くする

関連ページ …… P.090

「印刷できなくなった！」
「インターネットにつながらない！」
「ファイルサーバにアクセスできない!」
「今朝からネットワークが遅い！」

…などなど、ユーザーが仕事をしていると、様々なトラブルが起こりえます。これらのトラブルを総称して、ITILでは「インシデント」と呼びます。

ITILでは、インシデントを次のように定義しています。

> インシデントとは「ITサービスに対する計画外の中断、または、ITサービスの品質の低下。サービスにまだ影響していない構成アイテムの障害もインシデントである。例えば、ミラー化されたディスクの1つに起きた障害など」(出典「ITIL用語および頭字語集」)

インシデントに関する問い合わせは、クレームというより「SOS」であることが多いので、ユーザーが1秒でも早く仕事ができるように、迅速にサービスを復旧する必要があります。これを「インシデント管理」と呼びます。

インシデント管理では、インシデントが発生して中断した（または、品質低下やその恐れのある）サービスを迅速に復旧することを目指します。

～チェックしてみよう～

□受け付けたらすぐに、いつ・どのようなお問い合わせを受けたかを記録している

□事業側と合意した優先度を元に対応している

□いきなり詳しく調査せず、まずは過去の対応やノウハウなどを検索している
□自分で調査を続けるべきか他の人にエスカレーションするべきかを判断している
□進捗状況は常に更新し、ユーザーから問い合わせがあったら答えられるようにしている
□調査はあくまで「ユーザーが早く仕事に戻れるには？」を目的とし、根本解決である必要はない、という意識を持っている（つまり恒久対策ではなく、暫定対処をまずは探す）
□サービスが復旧したことをユーザーに知らせる、またはユーザーも認識し、同意していることを確認する

第3章の喫茶店のケーススタディでは、アルバイトのアキラ君が砂糖を探すのに手間取ってしまい、怒ったお客様が帰ってしまったことがありましたね。あれも、インシデント管理ができていないために起こったことです。

▶マネジメント視点のインシデント管理

なお、「マネジメント（管理）」という観点からすると、他にもチェックすべき点があります。
定期的にインシデントの対応履歴（インシデント・データベース）を分析し、次に挙げる対策をしっかり実施するようにしてください。

～チェックしてみよう～
□インシデントの発生件数や処理時間の傾向を分析する
□再発するインシデントの傾向を調べる
□同じようなインシデントの対応時間が担当者によって大きな違いがないかを調べる
□対応手順を定型化した方が早く処理できそうなものはないかを調べる
□対応手順をユーザーに知らせた方が早いものはないかを調べる

【サービスオペレーション(運用)】

問題管理

インシデントの原因解決を管理し、発生や再発を防ぐ

関連ページ …… P.098

インシデント管理は「サービスの迅速な復旧」を目的としていますが、「インシデントの発生または再発の防止」を目的とするのが「問題管理」です。

問題管理では、インシデントの原因を究明し、それを解決することによって、その原因(つまり「問題」)に起因するインシデントの再発を防ぐことを目指します。

「問題」は、ITILでは次のように定義されています。

問題とは「1つまたは複数のインシデントの原因」
(出典「ITIL用語および頭字語集」)

第3章の喫茶店のケーススタディでは、アルバイトのアキラ君が、「レジが壊れるたびに電卓で対応する」という対策の繰り返しに疑問を抱いていましたね。

これは問題管理のスタートラインに立ったと言えます。つまり「インシデントの迅速な復旧」ではなく、「インシデントの抜本的な解決」の必要性に気づいたからです。

▶問題管理のポイント

なお、問題管理は一言で言えば「原因を調べて解決すること」なのですが、「管理」という観点も含めると、以下のようなポイントに留意しなくてはなりません。

適切な問題管理により、インシデントの発生や再発を防止できるはずです(図34)。

～チェックしてみよう～

□定期的にインシデントの対応履歴（インシデント・データベース）を分析し、再発したらビジネスに影響の大きいものを割り出している

□問題を、先入観が入らないよう表現し、可能性のある原因を洗い出したうえで調査を開始している

□問題解決の進捗を記録している

□インシデントの原因やワークアラウンド（回避策）、ソリューション（解決策）など、何かわかればデータベースに記録し、関係者（特にインシデント対応をしているメンバー）に共有している

□解決策が見つかったらいきなり実装せず、変更要求（RFC）を提出している（つまり、変更して良いかどうかの判断を仰いで、許可されてから実装している）

インシデント管理の目的

II

応急処置などによる、
サービスの迅速な復旧

問題管理の目的

II

原因究明や抜本的な解決による、
インシデントの発生・再発防止および予防

図34 インシデント管理と問題管理は「目的」が違う

【サービスオペレーション(運用)】

イベント管理

イベントを管理し、運用や設計など、他のプロセスに活用する

「イベント」は、ITILでは次のように定義されています。

イベントとは「ITサービスやその他の構成アイテムの管理にとって重要性のある状態の変更」(出典「ITIL用語および頭字語集」)

簡単に言えば、ITシステム(サーバやネットワーク機器やPCなど)で発生している事象を、正常も異常も全てひっくるめて「イベント」と呼びます。

ITシステムの状況の変化にアンテナを張ることにより、ユーザーに影響が出た際にいち早く気づき、対応することができます。これが「イベント管理」です(図35)。

▶現実的なイベント管理を実現するには

イベント管理の理想は、ユーザーに影響が出る前に予兆を察知し、対策を取ることです。

また、イベントを記録して保存しておくことで、インシデント発生時の障害切り分けや、原因(問題)の調査・分析のための情報源としても役立てることができます。

これらのことを実現するためには、「どのイベントを監視すべきか」「どのイベントは無視して良いか」「どのイベントは人に知らせるべきか」「どれくらいの期間保管しておくべきか」などを決め、そのルールを実装していく必要があります。

~チェックしてみよう~

□必要なイベントを監視している

□イベントの重要度はSLAに基づき設定し直している

□サービスデスクをはじめとした運用メンバーおよびインシデント管理や問題管理と連携して、アラートの出し方やイベントの相関関係（Aというイベントが10分間に20回以上の頻度で出現すると、システムダウンにつながる前兆である、など）を分析し改善している

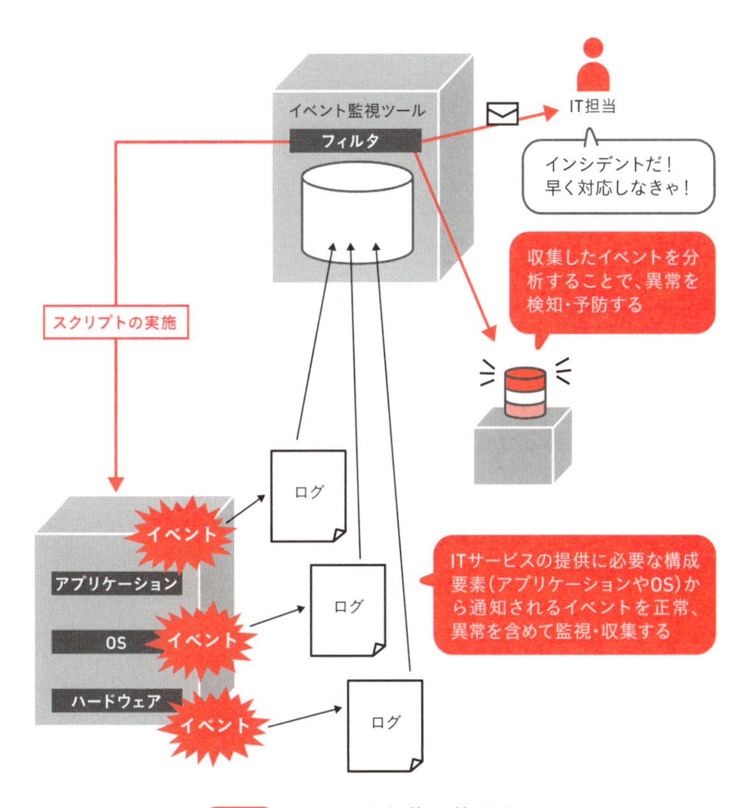

図35 イベントを収集・管理する

【サービスオペレーション(運用)】
アクセス管理
必要な人が必要なITサービスにアクセスできるようにする

サービスデザインの情報セキュリティ管理にて定義されている「情報セキュリティ方針」（P.188参照）や、それに紐づくルールに基づき、実際にその方針やルールを運用（実行）することを「アクセス管理」と呼びます。すなわち、アクセス管理では、情報セキュリティ方針で設計された「機密性、完全性、可用性」を実際に実現して、安心安全を守ることを目指します。

アクセスを管理するには、情報セキュリティ方針が定められていることが前提とはなりますが、一般的に以下のような状態だと、「アクセス管理が不十分」だということになります（図36）。

～チェックしてみよう～

- □複数名で1つのアカウントを共有しているので、厳密には誰がどこにアクセスしたかわからない
- □パスワードの記載されたポストイットがパソコンに貼られている
- □サーバの管理者IDとパスワードがデフォルトまたは全て同じ
- □アクセス権が設定されていないので、誰でもどこにでもアクセスできる
- □退職者のアカウントが無効にされないまま残っている
- □人事部門との連携が密にできていないため、役職変更、異動、退職、懲戒免職等に伴うアクセス権の変更が俊敏にできない
- □ウィルス対策ソフトのアップデートが徹底できていない
- □アクセスログはとられているが、分析されていない

これまでのチェックリストとは逆に、あてはまった項目が多ければ多いほど「アクセス管理ができていない」ということになりますので、注意してください。

①複数名の社員が1つのアカウントを共有している

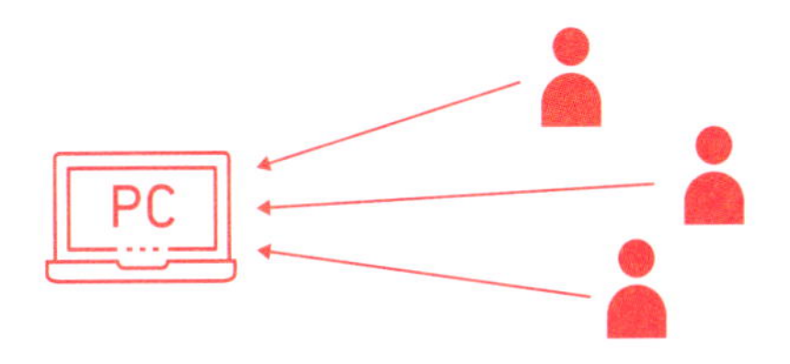

②ポストイットでパスワードが貼ってある

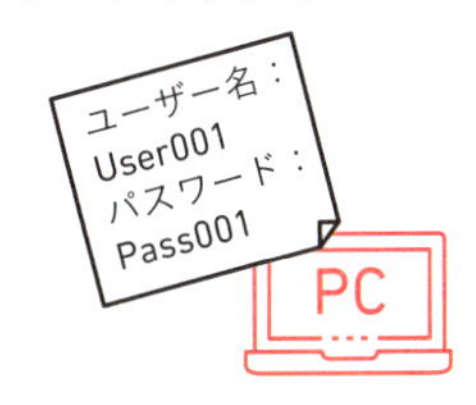

③誰でもどこにでもアクセスできる

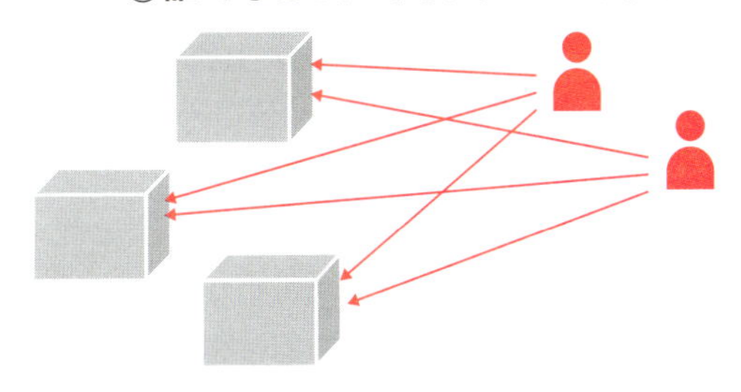

④人事部門との連携が取れていない

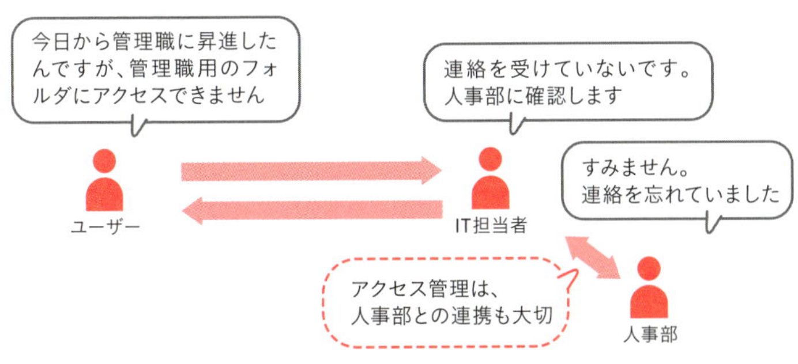

図36 アクセス管理が不十分な例

【継続的サービス改善(改善)】

ITIL「継続的サービス改善(改善)」とは?

ここからは、ITILの「継続的サービス改善(改善)」の詳細を解説します。

「改善し続けること」はマネジメントの基本です。そして、「改善しない」ということは、「衰退」を意味します。

では、IT部門(ITサービス・プロバイダ)が改善を怠れば、何が起こるのでしょうか。

顧客である自社の事業部門は、外的環境に合わせてどんどん変化していくはずです。そのビジネスを支え、牽引するためには、IT部門も変化が必須です。ということは、IT部門が変化しなければ、自社のビジネスを支えることができなくなるということです。

▶「ステルスIT」が増えている理由

自分達が改善を怠る一方で、外部のサービス・プロバイダが変化に合わせたより良いITサービスを提供するようになれば、事業部門は社内のIT部門ではなく、外部サービス・プロバイダを選ぶでしょう。

クラウドの発展に伴い、昨今は使いやすいクラウドサービスも多数登場しています。事業部門がIT部門に相談なくこれらのクラウドサービスと契約してしまうステルスIT(従業員や事業部門が、自社が導入したITシステムとは別のサービスを独自に利用し、IT部門のガバナンスがきかないこと。「シャドーIT」とも言う)が増えてきているという事実は、多くの企業が俊敏な「継続的サービス改善」ができていないことの現れだと言っても過言ではないでしょう。

ITILでは、継続的にITサービスを改善するために「デミングサイクル」「7ステップの改善プロセス」「CSIアプローチ」といった改善手法を紹介しています。

では、これらの改善手法について、詳しく見ていきましょう。

【継続的サービス改善（改善）】
デミングサイクル
PDCAを回して目標を達成する

関連ページ …… P.038

エドワード・デミング氏により考案された、改善のための基本的なモデルが「デミングサイクル」です。デミングサイクルは「Plan」「Do」「Check」「Act」の4つの段階からなるサイクルで表現され、ITILでもサービス改善手法の一つとして紹介されています。デミングサイクルのステップは次の通りです。

● Plan（計画）

「PLAN」で目標を立て、それを達成するための計画を立案します。

● Do（実施）

「DO」で、立案した計画に基づいて実施します。

● Check（点検）

「CHECK」では、実施の状況と結果を測定し、計画と照らし合わせてレポートを作成します。計画通りに実施したかの過程（プロセス）はもちろん、「目標を達成できたか」もチェックします。

● Act（処置）

「ACT」で、目標達成のための是正処置を計画し、実施します。この4つのサイクルを回すことで、継続的な改善を実現するのです。

～チェックしてみよう～

- □改善する際は、思いつきではなく、計画を立てて実施している
- □計画通り実施したか、目標を達成できたかをチェックしている
- □目標達成の軌道修正（是正処置）はもちろん、もっと良くできないかという観点でさらなる改善も検討し、実施している

【継続的サービス改善(改善)】
7ステップの改善プロセス
7つのステップで改善活動を推進する

改善は、データの測定と分析に基づく論理的な進め方が有効です。ITILで紹介されている「7ステップの改善プロセス」は、この測定を中心に考えて考案されたプロセスです。

7ステップの改善プロセスでは「目標の設定」「測定項目の定義」「収集」「処理」「分析」「提示」「実施」の7つのステップで、改善活動を推進します。

ビジョンや目標を元に、測定項目を洗い出し、データを収集し、集めたデータを処理し、分析をかけ、分析結果をまとめ、改善策を考えて実施する。この7つのステップを、組織の運用層→戦術層→戦略層とカスケード(連携)し、運用の現場で取得されたデータを戦略層の意思決定に活用するために用いられるのが、7ステップの改善プロセスです。例えば、「インシデント件数の増加に伴い、サービスデスクの担当者の追加と、電話・メールからWebフォームへの問い合わせ方式の変更を社内で検討することになった。ただ、社内システム利用のトランザクション量の大幅な増減とそれに伴うサポートコストが不釣り合いで、サービスデザインレベルの修正は対応しきれないと判断され、システムのクラウドへの移行が検討されることになった」、これは、運用レベルのデータが、戦術・戦略レベルの意思決定に正しく活用されている例だと言えるでしょう。

〜チェックしてみよう〜

□ビジョンやSLAの合意目標から分解して測定項目を決めている
□収集したデータは定期的に分析して、目標の達成度や改善策の検討のために活用している
□運用レベルのデータを戦術レベルや戦略レベルの意思決定に活用している

【継続的サービス改善(改善)】

CSIアプローチ

長期的なビジョンを達成するための構造的な手法

CSIは「Continual Service Improvement」の略で、文字通り「継続的サービス改善」と訳されます。

例えば、「オリンピックで金メダルを取りたい」というビジョンがあった場合、そのビジョンを実現するには人並み以上の努力が必要ですし、長期にわたるモチベーションの維持が必要です。

このような長期的なビジョンを達成するための構造的な手法が「CSIアプローチ」です(図37)。

何らかのビジョンを実現するための構造的な手法に「ビジョニング」(将来的なイメージ=ビジョンを描き、そのイメージの達成を目指すこと)と呼ばれるものがありますが、CSIアプローチもこのビジョニングのアプローチを参考に作られています。

▶課題を管理する「CSI管理表」

ITILでは「CSI管理表」という手法も紹介されています。これは、サービスライフサイクルの全ての段階(サービスストラテジ、サービスデザイン、サービストランジション、サービスオペレーション、継続的サービス改善)で識別した課題(=改善点)全てを管理する管理台帳です。CSI管理表を用いることで、改善内容や改善理由、規模、優先度、進捗状況を管理していきます。

CSI管理表の活用は、全体視野で改善活動を進めていく手法であり、複数の改善を着実に進めて推進していくという効果があるので、上述のCSIアプローチと組み合わせて活用すると良いでしょう。

その他、長期的なビジョンを実現するために求められる施策を以下にまとめますので、参考にしてください。

～チェックしてみよう～

□ビジョンとそれに紐づく最終目標や達成目標を定義している
□現状分析（ベースライン・アセスメント）を行い、現状を数値で把握している
□次に目指す目標を達成可能で測定可能なものにしている
□様々な角度から改善策を検討し、実施している（ITサービスであれば、サービスとプロセスの2つの角度から検討するなど）
□改善策を実施する際には、必要なデータを測定している
□次に目指す目標に到達したかを、データを元に分析している
□到達していない場合は、改善策を見直している
□到達していた場合は、さらに次の目標を設定し、改善を進めている
□この推進力を維持するために工夫をしている

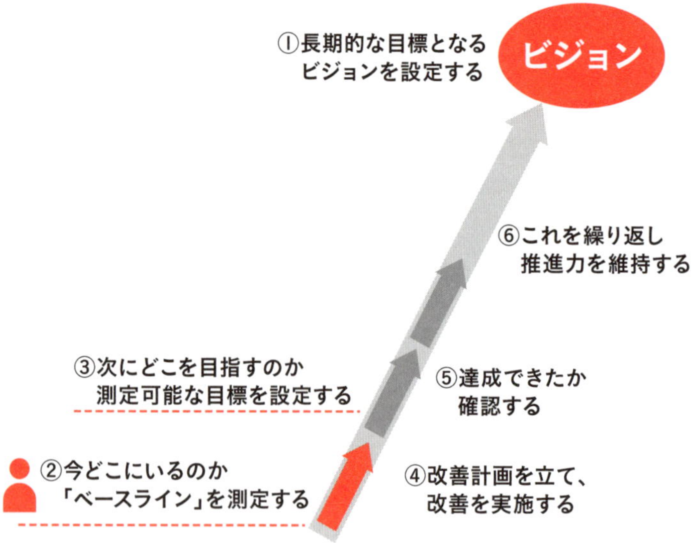

Reproduced under license from AXELOS

図37 CSIアプローチのイメージ

Chapter

06

ITIL何でもＱ＆Ａ

基本&発音編

Q. ITILって何ですか？

A. IT（情報技術）を本当の意味で、世の中やビジネスに役立てるためのノウハウをまとめた書籍群です。最近はIT以外の分野でも注目され始めています。

Q. ITILは何と読むのですか？

A.「アイ・ティー・アイ・エル」または「アイティル」が一般的です。

Q. どんな人がITILを学ぶべきなのですか？

A. まずはIT関連の業務に従事している人です。プログラマーも、インフラ系のSEも、IT企画の人も、コールセンターやシステム運用をしている人も、全て含みます。IT企業の人はもちろん、企業のIT部門（情報システム部門）の人にも非常に有効です。ただ、実はIT系だけでなく、サービス業の人や製造業の人、教育者、政府関係者など、あらゆる職業や立場の人にも参考になります。

Q. ITILを学ぶとどんないいことがあるのですか？

A. ずばり、世の中が変わって見えます！例えば毎日がむしゃらに仕事をしていて、気が付いたら1年があっという間に終わっているとか、ちょっとしたことでむしゃくしゃして、仕事が進まない、などということが減ります。物事を見る目線が、「担当者目線」から「管理者目線」へと変わるからです。

Q. ITILの日本語訳がとても読みにくいのですが、どうしてこんなに直訳風なのですか？

A. 実は、わざとなんです。ITILの考え方は非常に範囲が広く、また奥が深いものです。例えば、「インシデントとはサービスの中断のことです」という意味の英文があるとします。これをシステム運用の経験がある人が翻訳すると「インシデントとは（ハードウェア故障などの）システム障害のことです」と訳するかもしれませんし、アプリケーション開発の経験がある人が翻訳すると「インシデントとは（アプリケーションにバグがあったなどの）トラブル発生のことです」と訳するかもしれません。このように、翻訳者がそれまでの自分の経験を元に訳すと、微妙なニュアンスの違いが生まれてしまうので、「あえて直訳すること」というルールが設定されているのです。

Q. ITILは「書籍群」とのことですが、その書籍は買えますか？

A. 「itSMF Japan」のWebサイトから購入できます。itSMF Japanとは、ITILおよびITSMを普及するユーザー団体です（会員になると割引価格で購入可能です）。また、国内の一部書店で購入することも可能です。詳しくは同団体のWebサイトをご参照ください。

itSMF Japan：http://www.itsmf-japan.org/books/index.html

Q. ITSMは何と読むのですか？

A. 基本的には「アイ・ティ・エス・エム」ですが、意味を表現して「アイ・ティ・サービス・マネジメント」と読むこともあります。

Q. 変更管理のCAB、ECABは何と読むのですか？

A. CABは「キャブ」と読みます。ECABは基本的には「イーキャブ」ですが、意味を表現して「イマージェンシー・キャブ」と読むこともあります。

よくある誤解編

Q. ITILは世界標準（スタンダード）ですか？

A. いいえ、違います。ISO（International Organization for Standardization：国際標準化機構）の定めたISO規格のような、世界標準（スタンダード）というわけではありません。ITILはあくまでITSMのベストプラクティス（成功事例）をまとめた書籍群です。ただ、世界中の様々な組織で参考にされているので、「事実上の標準」、すなわちデファクト・スタンダードであると言えます。

Q. ITILとISO/IEC20000の関係は？

A. 互いに参照しながら成長しています。前述の通り、ITILはITSMに関する書籍群です。このITILの2世代目であるITIL V2を元に、ITSMについての世界標準として「ISO/IEC20000」が作られました。その後、ISO/IEC20000も参考にITILの3世代目であるITIL V3が作成されるというように、互いに参考にしながら改版され続けています。

Q. ITILはITの運用の話ですよね？

A. いいえ、違います。ITILではITサービスのライフサイクル全て（戦略・設計・移行・運用・改善の5段階）を対象としています。したがって、運用だけの話ではありません。

Q. プログラマーや設計・開発の技術者には、ITILは不要ですよね？

A. いいえ、違います。ITILとは、ITサービスのライフサイクル全て（戦略・設計・移行・運用・改善）を対象に、どのように管理するかをまとめたものです。プログラマーや設計・開発の技術者（システム・エンジニア）は、「設計」「移行」部分が特に参考になるでしょう。また、設計段階で、運用や改善のための設計をしておくことも欠かせないので、「運用」「改善」の部分も意外と参考になります。さらに、新しいサービスの企画や戦略作成のためには、その名の通り「戦略」が参考になります。

Q. ITILを導入すると、プロセスに縛られて現場の運用が固定化し、承認待ちでプロセスが滞ったり、文書整備で形骸化してしまうと聞きましたが本当ですか？

A. 本当ではありません。「プロセスを決めて組織内に導入して標準化すること」がITILを導入することだと考えている場合は、上記のような結末に至ることもありえます。しかし、それだけではITSMとは言えません。ITILでも「3つのP」（Process、Product、People）が大切だと説明しています。つまり、Process(プロセス)の標準化だけではなく、Product（製品）であるITSMのためのツールをうまく活用し、そしてPeople（人材）を育成して自分で考え、自分で行動し、マネジメントができる組織にしていくべきだとしているのです。

Q. これからの時代はDevOpsで、ITILはもう古いと聞きました。

A. ITILとDevOpsは両立するものです。どちらも「顧客に価値を提供する」ことを目的としているという点で共通しており、DevOpsの考え方の基本もITILと共通です。また、厳密に言えばITILは「ITサービスのマネジメント」を対象としており、DevOpsは「開発と運用のあり方」について言及しているので、対象が異なります。より良いITサービスとその価値を顧客に提供するためにはITILが基礎となり、その価値提供をより迅速にするためにDevOpsも参考となる、と言えるでしょう。実際、2019年にリリースされる「ITIL 4」では、DevOpsの内容なども含まれてきます（詳しくは第7章を参照してください）。

Q. 2次サポート担当です。トラブルシューティング、つまりインシデント対応をしています。いつも連絡を受けたインシデントを調査する場合は、根本原因まで調査して、解決しています。これはITILでは問題管理だと説明されています。つまり、2次サポートでは問題管理だけするということでしょうか？

A. いいえ、違います。インシデント管理とは、発生したインシデントをいかに迅速にクローズするかを目的とした管理です。つまり、「ユーザーが仕事に戻れるようにすること」を目指します。2次サポートでも、原因解決を行う前に、暫定対応を1次サポート（サービスデスク）やお客様に提示することがあるはずです。それはインシデント対応だと言えます。つまり、インシデント対応（管理）と問題解決（管理）を並行で実施しているということになります。

Q. インシデント対応とインシデント管理は同じですか？

A. 厳密には異なります。インシデント対応とは、インシデントをクローズするまでの作業を指します。一方インシデント管理とは、そのためのプロセスを設計して組織に導入し、収集したデータ（インシデントの情報や対応履歴）を定期的に分析・改善することまでが含まれます。つまり作業と管理（マネジメント）の違いと言ってもよいでしょう。

Q. 需要管理とキャパシティ管理の違いがわかりません。

A. 簡単に言えば、需要管理は戦略レベル、キャパシティ管理は戦術レベル（または設計）である点が異なります。もう少し詳しく説明すると、需要管理では複数のITサービス（現在提供中のものだけでなく、将来提供予定のものも含めて）に対する顧客からの需要を把握し、予測し、時には需要に影響を与えて管理します。これに対して、キャパシティ管理とは、提供することが決まったITサービスについて、SLAで合意したキャパシティ目標とパフォーマンス目標を達成するために管理するものです。

Q. 開発した後テストを完了したうえで、それをもって所定の委員会や上司に報告し、承認を得てから本番環境にリリースしています。この委員会はCABで合っていますか？

A：いいえ、違います。これは、「リリース判定会議」と言われるものであり、CABではありません。CAB（Change Advisory Board：変更諮問委員会）は、「そもそも変更をすべきかどうか」について意見交換する会議体です。上記のリリース判定会議は、変更をすることは前提で（既に承認されていて）、それを確実に失敗なく（既存のサービスを中断させることなく）展開する準備ができたかを確認し判定する会議ですので、CABではありません。

Q. ITILはどのプロセスから導入するのがよいですか？

A.「①戦略から戦術、運用と上から順に導入」「②インシデント管理や変更管理など、運用とユーザーに近い方から順に導入」「③現状の成熟度をアセスメント（分析）し、弱い部分から順に導入」というように、組織の文化や成熟度によっていくつかのパターンがあります。

Q. ITILを現場に導入したいのですが、周りや上司の理解がなかなか得られず、うまく推進することができません。

A. いくつかの方法がありますが、「ITILプラクティショナガイダンス」が参考になります。これはITILの5冊のコア書籍を補完する書籍で、名前の通り「プラクティショナ（実践者）」向けのガイダンス（指針）となっています。

Q. ITILの資格はどのようなものがありますか？

A. 本書執筆時点（2019年2月中旬）では、ITIL 2011 editionの資格体系として、基礎レベルの「ITILファンデーション」、中間レベルの「ITILインターミディエイト」、上級レベルの「ITILエキスパート」、最高レベルの「ITILマスター」の4種類の資格があります。ただし、ITIL 4で一部変更されますのでご注意ください（詳細はP.246参照）。

Q. ITILの資格は失効しますか？

A. いいえ、失効しません。例えば、「ITIL V2 ファンデーション」資格を保有している人は、新しいバージョンのITIL がリリースされた後も、この資格を保有し続けることができます。

Q. ITILの資格は海外でも有効ですか？

A. はい、有効です。世界中で同じ試験で受験して資格を取得していますので、世界中で共通の資格となります。

Q. どうすれば資格を取得できますか？

A.「ITILファンデーション」は、誰でもオンライン試験会場で受験することができます。それ以外の3つは、「ITILファンデーションなどの下位資格を保有していること」「認定研修を受けること」等々、資格によって前提条件があります。

参考：https://www.axelos.com/certifications/itil-certifications

Chapter

07

ITIL 4の概要

なぜITIL 4がリリースされたのか ～バージョンアップの背景～

まずはITIL 4リリースの背景から見ていきましょう。前バージョンとなる「ITIL 2011 edition」は、その名の通り2011年にリリースされました。したがってITIL 2011 editionは2011年以前の世界のベストプラクティスを元にまとめられています。

それから約7年の間にIT技術は劇的に進化し、また、ITSMに関する新たなベストプラクティスが世界中でどんどん生まれてきました。そこで、世界の最新事例を元にしたITILのバージョンアップが必要になってきたのです。

では、2011年から、具体的に何が変わってきたのでしょうか。

●デジタル・トランスフォーメーション

1つは「デジタル・トランスフォーメーション」です。クラウド、IoT（Internet Of Things）、人工知能（AI : Artificial Intelligence）、ロボティクスなど、昨今はIT技術の進化が加速しています。

これまで、企業におけるITシステムの活用の目的の多くは、人間が紙に記録してきたデータや情報の効率的かつ効果的な管理であり、「ビジネスを支援するIT」という位置づけでした。しかし、もはやビジネスの中にITが埋め込まれて一体化する時代になっています。

例えば、企業の宣伝方法は、新聞の広告やテレビのコマーシャルから、SNSを使ってユーザー一人一人の好みに合わせた情報発信と、フィードバックによる、双方向のコミュニケーションに移行しています。

また、ホテルのフロントへの電話問い合わせはチャットボットでAIが自動応答することで、問い合わせをするユーザーが気兼ねなく質問できるようになっています。そして、いつどのような問い合わせが発生してどのように対応したかという情報を蓄積するだけでなく、その応答も学習して、より良い対応へとリアルタイムに改善がなされています。

あるいは、社内システムで言えば、営業活動は報告するだけで終わらず、自分のスケジュールや商談状況、お客様とのメールのやりとりやお客様のイベント情報など様々な情報と連携し、AIが最適なアドバイスを提供してくれます。工場や運搬機械（トラクターや自動車）の自動化も進んでいます。

このような変化を「デジタル・トランスフォーメーション」と呼びます。デジタル・トランスフォーメーションにより、ITがビジネスをこれまで以上に牽引するようになり、産業間の参入障壁が下がり、企業の経営者はITを本当の意味で活用することが求められるようになっています。

つまり新たな発想、新たな戦略が必要になっているのです。

● SORとSOE

もう1つは、「SOR」から「SOE」への移行です。

従来の企業のITシステム（Enterprise IT）は、データを記録・蓄積して活用することを目的としていました。これを「SOR」（Systems Of Record）」と表現します。SORでは「正確性・安定性・信頼性」が重視されていました。

これに対して、つながり（エンゲージメント）を構築し維持、向上するためのITシステムを「SOE」（Systems Of Engagement）と呼びます。この考え方は、マーケティング・コンサルタントのジェフリー・ムーア(Geoffrey Moore)氏によって、2011年に提唱されました。

つながりやすさを追求すると、環境の変化や期待の変化に伴い、機能やインターフェイスやデータ構造などをどんどん柔軟に変更していかなくてはなりません（注：あらゆるITシステムがSORからSOEに移行すべきであるというわけではありません）。

すなわち、デジタル・トランスフォーメーションにより、SOEが実現できる世の中が現実的になり、これまで以上にITが柔軟に進化し続けることが求められる時代になったため、その管理方法、つまりITSMも進化が求められているというのが、ITIL改版の背景だと言えます。

ITIL 2011 editionとの関係と変更点

▶中心となる管理要素は前バージョンがベース

ITIL 4は、前バージョンの何を踏襲し、何が変更されたかを見ていきましょう。まずITIL 4では、従来のITILで紹介されていた内容はほぼ残っており、本質的な内容は維持されています。

例えば「サービス」の定義は、ITIL 4でも変わりません。インシデント管理や変更管理なども、ほぼ全て残っています。さらに、ITSMの「3つのP」ないし「4つのP」（P.150参照）に相応する考え方も、少し表現を変えつつも維持されています。

しかし、前節で紹介したデジタル・トランスフォーメーションの時代に対応するためのマネジメント・ノウハウがかなり追加されました。「リーン」（P.248参照）、「アジャイル」（P.250参照）、「DevOps」（P.252参照）などはその典型例です。

これに伴い、ITIL 4の資格体系も大幅に変更されています。詳しくはP.246で紹介しますが、従来のライフサイクルの段階ごとのプロセスを中心とした資格体系ではなく、より実践的な体系にするために、学習分野のカテゴリ分けへと変更されています。

▶ITILプラクティショナの一部がコア書籍へ

ITIL 4の変更点として、ITILプラクティショナの一部がコア書籍に移行した点も見逃せません。

まず、「コア書籍」と「ITILプラクティショナ」の違いをおさらいしましょう。

ITIL 2011 editionでは、コア書籍である「サービスストラテジ」「サービスデザイン」「サービストランジション」「サービスオペレーション」

「継続的サービス改善」の5つの書籍が発刊された後、これらを補完する「ITIL プラクティショナガイダンス」が発刊されました。プラクティショナ（Practitioner）とは「実践者」を意味します。

では、なぜコア書籍の刊行後に、「ITIL プラクティショナガイダンス」が発刊されたのでしょう。

コア書籍はITSMのプロセスを中心にまとめられていたため、コア書籍を学習したあとにいざ現場で実践しようとすると、「どこから手を付ければよいのかわからない」「ITSMを理論的にまとめたが、現場がついてこない」「上司や顧客をうまく巻き込んでITSMを進めるための承認を得ることができない」などの課題が出てきました。

そこで、ITILの内容を実践するにあたり、「人や組織へのアプローチ」という観点で、プロセスマネージャやサービスマネージャが意識すべきことを体系的にまとめた補完書籍として「ITIL プラクティショナガイダンス」が発行されました。ITIL プラクティショナガイダンスは、ITSMの「3つのP」ないし「4つのP」の一つである「People（人材）」部分に特化した書籍と言っても過言ではありません。

ITIL プラクティショナガイダンスでは、「従うべき原則」として、次の9つを挙げています。

1. シンプルにする
2. 協働する
3. 見える化
4. 直接観察する
5. 反復して進化する
6. 価値に着目する
7. 経験をデザインする
8. 現状から始める
9. 包括的に働く

「従うべき原則」はITILを現場に導入するときに「プロセス以外の部分で拠り所とするべき考え方や行動指針をまとめたもの」と考えるとわかりやすいでしょう。

例えば、現場にITILという新しい考え方を紹介して進める場合、必ずしも周りがすんなり理解してくれるとは限りません。「価値に着目」して、みんなにとってどんな価値があるのかを説明することを心がけ、その価値を「見える化」していくと、少しずつ周りの理解と協力が得られます。

また一気に全て変えてしまうのは抵抗が大きい場合は、少しずつ「反復して進化する」という進め方が有効な場合があります。

この内容の重要性が認められ、ITIL 4では、この「従うべき原則」がコア書籍に含められることとなりました。

▶「ベストプラクティス集」の基本に立ち戻った

ITIL 4は、「ベストプラクティス（成功事例）集」の基本に立ち戻っている、という点も指摘しておかなくてはなりません（P.238参照）。

ITSMを進めるためには「3つのP」ないし「4つのP」（P.150参照）をバランスよく進める必要がある、とされています。しかし、これまでITILのコア書籍では、そのうちの「Process（プロセス）」の話がメインでまとめられてきました。その結果、多くの読者が、「プロセスを導入すればITSMができたことになる」という誤解をしてしまう傾向になった、と言われています。

つまり、これまでのITILは「プロセス偏向」に陥る傾向にあったのです。

しかし、これでは「手段」が「目的」になってしまっています。本書で再三触れてきたように、ITSMとは「顧客に価値を提供し続けるために、ITサービスをうまくマネジメントすること」です。

そのためには、プロセス（Process）を整備して導入するだけでなく、それを実施する人材（People）を育成して組織の成熟度を上げ、ITSMを効率的かつ効果的に進めるためのツール（Product）を活用し、必要に応じてパートナー（Partner）とも一致団結していくことが大切です。

ITILは本来、これら全てについての世界の成功事例（ベストプラクティス）をまとめてフレームワークにしたものです。そこで、ITIL 4ではその基本に立ち戻り、また、これから学習する人達がプロセス偏向に陥らないように、プロセスという言葉を強く全面に押し出すことはやめ、他の内容も含めて総合的に「ベストプラクティス」として紹介しています。

▶戦略要素のさらなる強化

ITILができてから30年近くが経過していますが、「ITILはIT運用の話である」という誤解は、まだまだ解けていないのが事実です。

正しくは、「ITILはITSMについての戦略・戦術・運用の全ての話」です。この誤解を軌道修正するために、ITIL 4では戦略要素も強化されています。

また、デジタル・トランスフォーメーションの時代に突入したことにより、IT技術の進化が加速し、従来の「ITを確実に安定的に管理すること（つまり運用層）」から「新しい技術を活用して、アイデアをどんどん実現していくこと（つまり戦略層）」へと、IT活用のポイントもシフトしてきました。

つまり戦略レベルの強化が、これまで以上に組織の明暗を分ける重要なポイントになっているということです。企業は「これからの時代、顧客に価値を出すために何をどうすべきか」をこれまで以上に追求しなければなりません。

ITIL 4でもその点が加味されており、その姿勢は資格体系に顕著に現れています。それが中級資格である「ITILストラテジスト」と「ITILリーダー」であり、その2つを取得すると得られる上位資格の「ITIL Strategic Leader (SL)」の創設です。詳しくはP.246で紹介します。

▶デジタル・トランスフォーメーション時代に対応

ITIL 4では、「リーン」「アジャイル」「DevOps」など、デジタル・トランスフォーメーション時代に対応するために必須な要素が追加されました。

この点についても、詳細は後述します。

【ITIL 4の新概念①】マネジメント・プラクティス

※ITIL 4の用語の日本語訳は、筆者によるもの

ITIL 4は、「プロセス偏向」に陥りがちだったこれまでの弊害を是正すべく、「ベストプラクティス（成功事例）」という原点に立ち戻った、という話をしましたが、それに伴ういくつかの変更が加わっているので、ここで紹介しておきましょう。

ITIL 4では、「マネジメント・プラクティス」という概念が新たに登場しています。従来のITILでは「インシデント管理」や「キャパシティ管理」などの「プロセス」または「管理プロセス」と呼ばれていたものが、ITIL 4では「マネジメント・プラクティス」として再整備されました。また、ITIL 2011 editionでは26個のプロセスが定義されていましたが、ITIL 4では33個のマネジメント・プラクティスにまとめ直されました。

なお、ITIL 4のマネジメント・プラクティスは、以下の3つのカテゴリに大別されています（図1、図2）。

○一般的なマネジメント・プラクティス（General management practices）
○サービスマネジメント・プラクティス（Service management practices）
○技術系のマネジメント・プラクティス（Technical management practices）

マネジメント・プラクティスとは、ITIL 4では「仕事を実施するためや目標を達成するために設計された組織的なリソース一式」と定義されています。言い換えると、「ITSMを進めるにあたって実施すべきマネジメントについての成功事例をまとめたもの」だと言えます。

厳密に言えば、例えば従来の「インシデント管理」も「ITSMのための成功事例（ベストプラクティス）」をまとめたものなので、「プラクティス」または「マネジメント・プラクティス」と呼ぶべきものでしたが、フロー図などの図がわかりやすく、プロセスについての説明が印象的だったので、便宜上「プロセス」と呼ばれていたのです。
　しかし、プロセスだけが強調されると、「プロセスを決めて標準化すれば管理ができる」と勘違いされることもあるので、ITIL 4 では本来の「プラクティス」という表現が使われるようになりました。

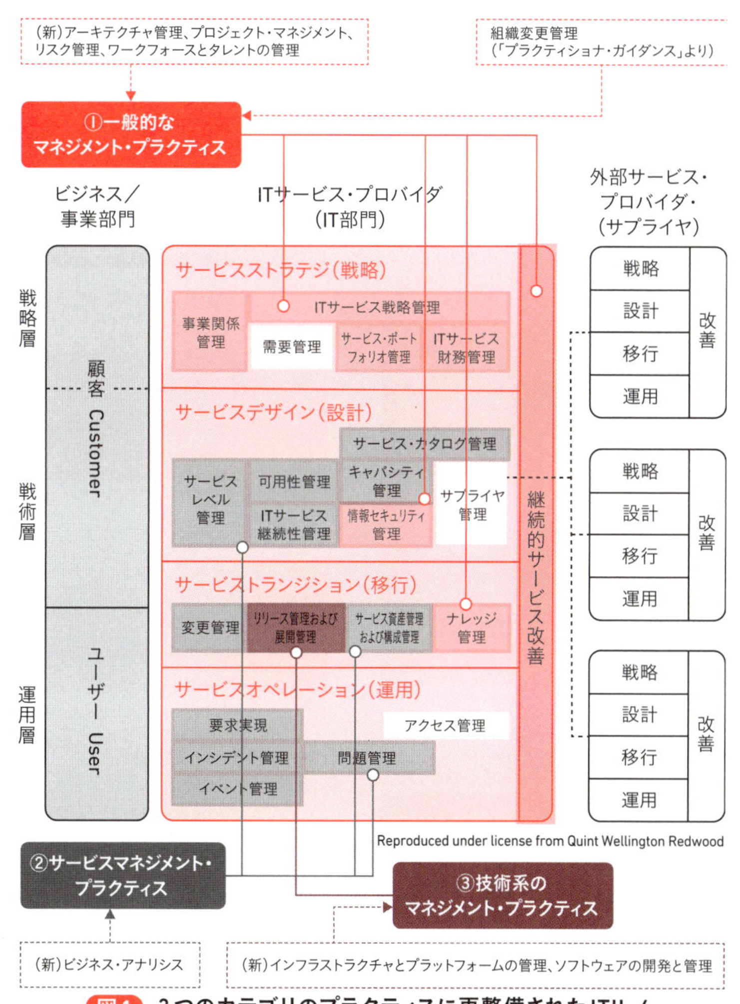

図1 3つのカテゴリのプラクティスに再整備されたITIL 4

ITIL 4のマネジメント・プラクティス

①一般的なマネジメント・プラクティス

1.ポートフォリオ管理
2.サービス財務管理
3.関係管理
4.戦略管理
5.情報セキュリティ管理
6.サプライヤ管理
7.ナレッジ管理
8.継続的改善
9.測定と報告
10.アーキテクチャ管理
11.組織変更管理
12.プロジェクト・マネジメント
13.リスク管理
14.ワークフォースとタレントの管理

②サービスマネジメント・プラクティス

15.サービスレベル管理
16.サービス・カタログ管理
17.可用性管理
18.キャパシティとパフォーマンスの管理
19.サービス継続性管理
20.変更コントロール
21.リリース管理
22.妥当性確認とテスト
23.IT資産管理
24.サービス構成管理
25.インシデント管理
26.モニタリングとイベント管理
27.問題管理
28.サービス要求管理
29.ビジネス・アナリシス
30.サービスデスク

③技術系のマネジメント・プラクティス

31.展開管理
32.インフラストラクチャとプラットフォームの管理
33.ソフトウェアの開発と管理

※ITIL 4のマネジメントプラクティスの日本語訳は、筆者によるもの

ITIL 2011 editionのプロセス

①サービスストラテジ

1.サービス・ポートフォリオ管理
2.ITサービス財務管理
3.事業関係管理
4.ITサービス戦略管理
5.需要管理

②サービスデザイン

6.サービスレベル管理
7.サービス・カタログ管理
8.可用性管理
9.キャパシティ管理
10.ITサービス継続性管理
11.情報セキュリティ管理
12.サプライヤ管理
13.デザイン・コーディネーション

③サービストランジション

14.変更管理
15.リリース管理および展開管理
16.サービスの妥当性確認およびテスト
17.サービス資産管理および構成管理
18.ナレッジ管理
19.移行の計画立案およびサポート
20.変更評価

④サービスオペレーション

21.要求実現
22.インシデント管理
23.イベント管理
24.問題管理
25.アクセス管理

⑤継続的サービス改善

26.7ステップの改善プロセス(注)

(注)1つ前のバージョン「ITIL V3」の「継続的サービス改善」で定義されているプロセスは「7ステップの改善プロセス」「測定と報告」だったので、ITIL 4の8と9の項目を薄い灰色とした

図2 ITIL 4の33個のマネジメント・プラクティス

【ITIL 4の新概念②】
サービスマネジメントの4つの側面

※ITIL 4の用語の日本語訳は、筆者によるもの

ITIL 4では、ITSM（ITサービスマネジメント）を進めるうえで意識すべき4つの側面がまとめ直されています。これは、従来からあった「ITSMの4つのP」（P.150参照）を踏襲し、さらに整備されたものと言えます（図3）。

ITIL 4では、顧客により良い価値を提供し続けるためには、高いIT（情報技術）を持つだけでなく、次の4つの側面を総合的かつバランスよく意識しながら進めることがよいとしています。

●組織と人材

1つ目は「組織と人材（Organizations and people）」です。組織の規模や複雑さに合わせて、組織構造や管理体制、役割と責任、コミュニケーションの取り方など、組織と人材がどうあるべきかについて決めなくてはならない、ということです。もちろん、組織や関わるメンバーはどんどん変化していきますので、それに応じて変化し続けることも必要です。

●情報と技術

2つ目は「情報と技術」（Information and technology）です。良いサービスを管理し提供するためには、どのような情報とナレッジが必要か、それらをどこにどのように蓄積し、活用し、保存し、廃棄するかなどについても検討しなければならない、ということです。そして、それらをうまく管理するためのツールも活用しなければならないとしています。

●パートナーとサプライヤ

3つ目は「パートナーとサプライヤ」(Partners and suppliers)です。

サービスを提供したり管理したりするためには、外部の組織(パートナーやサプライヤ)と連携することが少なからずあるはずです。全てが連動してエンド・ツー・エンドの全体でサービスとなるわけなので、パートナーやサプライヤについても意識し、良い連携や管理を行わなくてはなりません。

●バリュー・ストリームとプロセス

4つ目は「バリュー・ストリームとプロセス」(Value streams and processes)です。顧客に価値を提供するための流れ(バリュー・ストリーム)を洗い出し、それを洗練しなくてはならない、ということです。そのためには、バリュー・ストリームの活動やプロセス、ワークフロー、コントロール、手順などを洗い出して定義し、顧客と合意した目標値を達成するように、そして顧客満足度を上げるようにマネジメントしていくことが必要です。

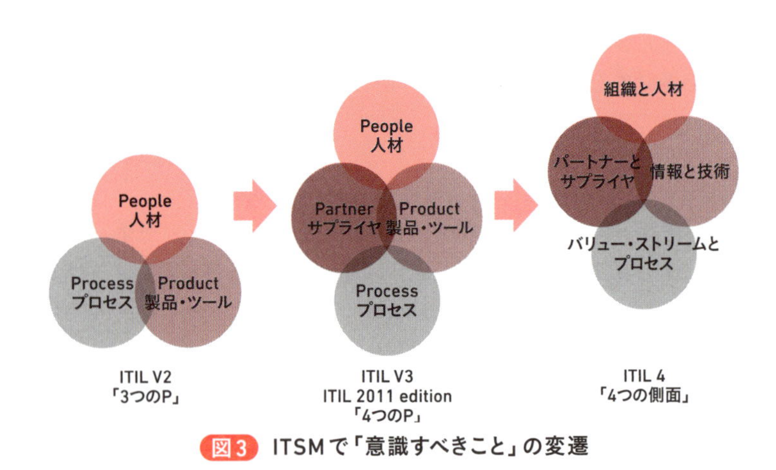

図3 ITSMで「意識すべきこと」の変遷

ITIL

【ITIL 4の新概念③】
ITIL SVS

ITIL 4では、「ITIL SVS」（ITIL サービス・バリュー・システム）という概念も新たに登場しました。これは、ITIL 4の全体像を示すものであり、次の5つの項目から構成されています。

○ITILサービス・バリュー・チェーン
○ITILマネジメント・プラクティス
○ITIL従うべき原則
○ガバナンス
○継続的改善

●ITILサービス・バリュー・チェーン

では、それぞれの項目について見ていきましょう。

「ITILサービス・バリュー・チェーン」（the ITIL service value chain）は、ITIL SVSの中心的な要素です。

価値を生み出す活動として、次の6つの活動が定義されています（図4）。ITIL 2011 editionのサービスライフサイクルの5段階（サービスストラテジ、サービスデザイン、サービストランジション、サービスオペレーション、継続的サービス改善）の進化系と言えます。

○計画（Plan）
○改善（Improve）
○エンゲージ（Engage）
○設計と移行（Design and transition）
○調達／構築（Obtain/build）
○提供とサポート（Deliver and support）

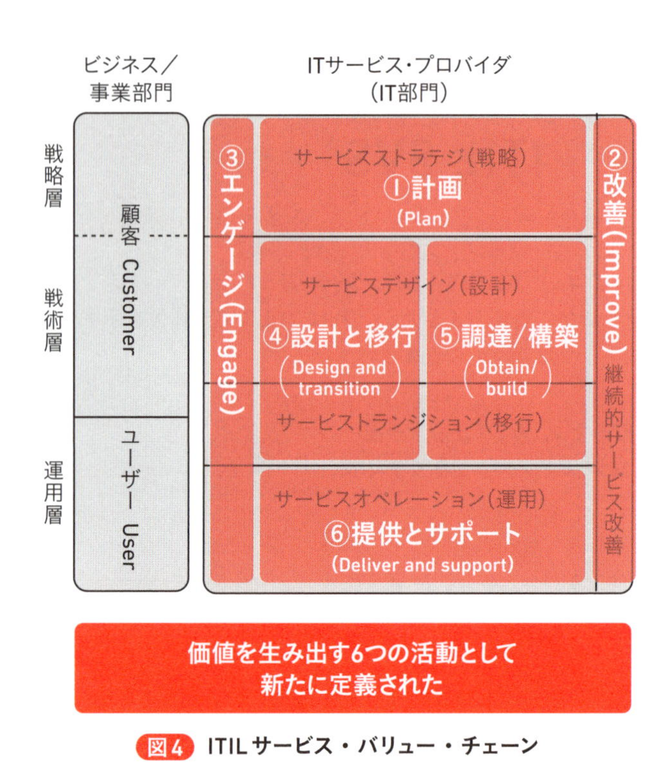

図4 ITIL サービス・バリュー・チェーン

「チェーン（鎖）」という表現からもわかるように、従来のライフサイクル表現ではぬぐい切れなかった時系列の段階の（ウォーターフォール的な）イメージから脱皮し、必要に応じて常にこれらの活動を行き来しながら実施することが強調されており、前述のマネジメント・プラクティスも、各活動に1対1で紐づくのではなく、複数の活動と関連する、とされています。

●ITILマネジメント・プラクティス

「ITILマネジメント・プラクティス」(the ITIL management practices)については、P.238で解説しました。

従来は「インシデント管理」などの「管理プロセス」と呼ばれていたものを「マネジメント・プラクティス（management practice）」として整備し直したもので、「一般的なマネジメント・プラクティス（General management practices）」「サービスマネジメント・プラクティス（Service management practices）」「技術系のマネジメント・プラクティス（Technical management practices）」の3つのカテゴリに大別されています。

●ITIL 従うべき原則

「ITIL 従うべき原則」（the ITIL guiding principles）は、ITSMを進めるうえで推奨される原則をまとめたものです。

「価値に着目しよう」「フィードバックを得ながら繰り返して進化しよう」など、ITILプラクティショナガイダンスで説明されている「従うべき原則」（P.235参照）が元になっています。

ITSMの進め方に迷ったときに思い出すような、拠り所とすべき原則です。

●ガバナンス

ガバナンス（governance）では、文字通りガバナンス（統制）を取るための仕組みや責任、組織作りについて言及されています。

EDM（Evaluate, Direct, Monitor）で表現される「評価」「方向付け」「モニター」の考え方などについても、ここでまとめられています。

●継続的改善

「継続的改善」（continual improvement）は、名前の通り「継続的に改善しましょう」という話がまとめられており、P.221で紹介した「CSIアプローチ」がその基本となっています。

改善はマネジメントの基本でもあるので、SVSにも、サービス・バリュー・チェーンにも、マネジメント・プラクティスにも共通で繰り返し説明されています。

ITIL 4の資格体系

ITIL 2011 editionでは、基礎レベルの資格として「ITILファンデーション」、中級レベルの資格として「ITILインターミディエイト」、上級レベルの資格として「ITILエキスパート」、最高レベルの資格として「ITILマスター」がありました。

一方ITIL 4では、基礎レベルの「ITILファンデーション」、最高レベルの「ITILマスター」は同じですが、中級レベルとして5種類の資格、上級レベルとして「ITILマネージングプロフェッショナル（MP：ITIL Managing Professional）」と「ITILストラテジックリーダー（SL：ITIL Strategic Leader）」が創設されました**（図5）**※。ここでは、特に注目すべきMPとSLについて紹介しておきましょう。

▶ MPとSL

「ITILマネージングプロフェッショナル（MP）」は、ITプロジェクトやチーム、ワークフローを成功裏に進めるための実践的で技術的な知識を有する者に与えられる資格です。MPになるには、2つのパターンがあります。1つは、ITILファンデーションに合格後に、「ITILスペシャリスト–Create, Deliver & Support」「ITILスペシャリスト–Drive, Stakeholder Value」「ITILスペシャリスト–High Velocity IT」および「ITILストラテジスト–Direct, Plan & Improve」の4つの資格を取得することです。もう1つの方法は、現行の資格からの移行です。17クレジット以上保有している場合（例：エキスパートまたはMALC直前）、「Managing Professional Transition」試験（MP移行試験）に合格すれば、MPの資格を得られます。

一方「ITILストラテジックリーダー（SL）」は、IT運用だけでなく、ITがいかにビジネス戦略に影響を与え、方向性を指し示すかについて明確に理解し、説明できる者に与えられる資格です。

SLになるには、ITIL 4のITILファンデーションに合格後、「ITILストラテジスト–Direct, Plan & Improve」と「ITILリーダー–Digital & IT Strategy）の2つの資格を取得する必要があります。

なお、MPとSL（下図の①〜⑤の5つ）を取得した後、特定の条件をクリアすれば、ITILマスター（ITIL 4についての総合的な知識と実践力があることを証明する資格）を取得することができます。

ITIL 4の資格体系

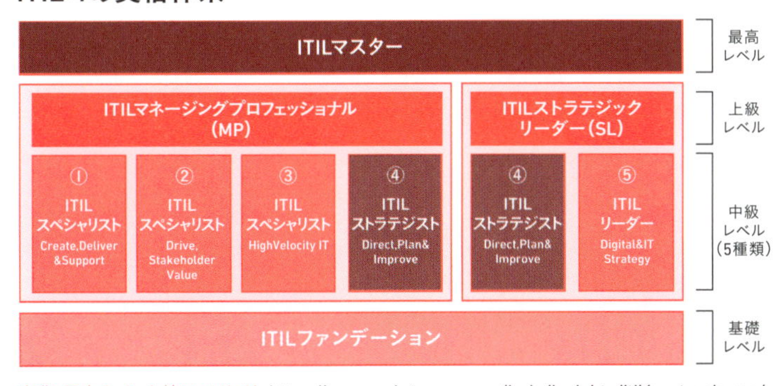

出典：日本クイント社Webサイト https://www.quintgroup.com/ja-jp/insights/itil4cert_scheme/

前バージョンとのレベル感

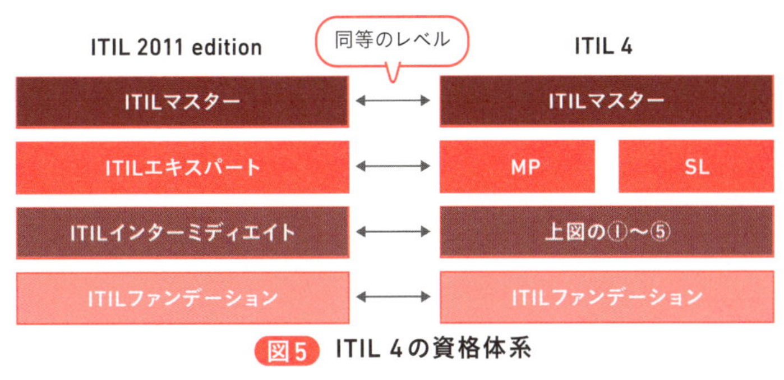

図5 ITIL 4の資格体系

※ ここで紹介しているのは、2019年2月執筆時点の情報です。ITIL 4対応のITILマスター、5種類の中級資格、ITILマネージングプロフェッショナル（MP)、ITILストラテジックリーダー（SL）の詳細は本書執筆時点では未発表で、運用も始まっていないのでご注意ください。

【追加されたベストプラクティス①】
リーン（Lean）

P.234で解説した通り、ITIL 4では、デジタル・トランスフォーメーションに適応するために、「リーン」「アジャイル」「DevOps」をはじめとした最新のベストプラクティスを取り込み、バージョンアップを遂げています。

ここでは、新たに取り込まれた主な項目について紹介していきます。まずは「リーン」です。

リーンとは「贅肉の取れた」「ムダのない」という意味の英単語です。その起源は、トヨタ自動車のトヨタ生産方式（TPS：Toyota Production System）に遡ります。「カイゼン」「カンバン」「アンドン」などの言葉を耳にしたことがある人もいるかもしれません。

トヨタ自動車は、お客様に価値を提供するために、生産過程のムダを徹底的に減らし、継続的に組織を改善し続けるための様々な手法や考え方を生み出しました。

これらの手法や考え方がサービス業に取り入れられて整備され、「リーン」と呼ばれるようになりました。

「お客様に価値を提供する」「継続的に改善し続ける」という考え方は、まさしくITILと共通するものです。これは、リーンとITILの2つの考え方が共通しているというよりも、むしろ世の中の全てに共通する普遍の考え方と言ってよいでしょう。

▶ VOCとムダ

お客様に価値を提供するには、お客様が何に価値を見出しているのかを知ることが必須です。その最善の方法は、お客様の生の声（VOC：Voice Of Customer）を聞くことです。八百屋やメーカーのケーススタディでも紹介したように、お客様に直接質問して意見を聞いたり、お問い合わせやクレームの中に隠れた要望や期待を見つけたりすることが、その第一歩です。

リーンではこのようなお客様の声をしっかり聞き、お客様にとって価値あることを実現するために必要なことを実行し、不要なことをムダとして削減していくことを追求しています。

▶カイゼン

リーンでは「少しずつでよいので着実により良くしていくこと」、またそのような振舞ができる（日常的に改善することが当たり前で変わり続けることのできる）人や組織となること総称して「カイゼン」と呼んでいます。

これはP.140で説明した組織の成熟度で言えば、「レベル5」に相当すると言えます。つまり、真にマネジメントができている組織です。

リーンでは、お客様に価値を提供するための流れ（プロセス）を洗い出し、いかに効率的かつ効果的に進めるかを追求していきます。

▶広がりを見せるリーンの考え方

このリーンの考え方や手法は、各分野に広がっています。例えば、ビジネスのスタートアップ（立ち上げ）を速やかに行うための「リーン・スタートアップ」は、最近注目されたリーン関連の考え方です。

もちろん、ITの世界にもリーンは浸透しており、ITの製品とサービスにリーンを適用した「リーンIT」という言葉が、2010年ごろから注目され始めています。

また、次節のアジャイル開発やDevOpsの考え方のベースとしても、リーンは参考にされています。

【追加されたベストプラクティス②】アジャイル（Agile）

アジャイル（Agile）とは、「俊敏な」「素早い」という意味の英単語です。「アジャイルソフトウェア開発(agile software development)」は、迅速かつ適応的（adaptive）にソフトウェア開発を行う開発手法の総称であり、最近一般的に使われている「アジャイル」の大元です。

なお、アジャイルでは、「状況の変化に俊敏に適応すること」に主眼を置いています。したがって、アジャイルソフトウェア開発は、計画重視の開発手法である「ウォーターフォール・モデル」に相対する手法だとされています。

▶イテレーション（反復）

アジャイルで重視されるのが「イテレーション（反復）」です。アジャイルソフトウェア開発手法の多くが、「イテレーション」と呼ばれる1～4週間程度の短い期間単位で開発を行う方法を取っています。

これは、「計画通りに作りすぎ、気が付くと“今”必要とされるものと大きな差異ができてしまう」というリスクを最小化するための手法です。これにより、リスクを最小限に抑えながら状況の変化への俊敏な対応を実現しています。

▶アジャイルマニフェスト

2001年に、アジャイルソフトウェア開発手法（当時は「軽量ソフトウェア開発手法」）の分野の専門家17人が集まり、個々に提唱していた開発手法の重要なコンセプトに共通する考え方を「アジャイルマニフェスト」として発表しました。

そこには、「プロセスやツールよりも個人と対話を、包括的なドキュメントよりも動くソフトウェアを、契約交渉よりも顧客との協調を、計画に従うことよりも変化への対応を」価値とする、という内容が記載されています（図6）。

アジャイルの理念や目指すべき方向性が大変わかりやすくまとまっているので、ぜひご一読ください。

近年では、ソフトウェア開発だけに留まらず、広範な分野において、このアジャイルマニフェストの考え方に賛同する人が増え、迅速かつ適用的に価値を生み出す考え方や行動を全てひっくるめて「アジャイル」と呼ぶようになりました。

アジャイルはITサービスの分野でも受け入れられ、ITIL 4ではそのコンセプトをITSMに取り入れています。

出典：https://agilemanifesto.org/iso/ja/manifesto.html

図6 アジャイルマニフェスト

【追加されたベストプラクティス③】DevOps

DevOps（デブオプス）とは、Development（開発）とOperations（運用）を結合した造語です。正式な定義というのは存在しないのですが、ITの開発チームと運用チームがコラボレーション（協働）し、顧客に価値を迅速に届けることを目指す考え方と手法を指しています。

▶ DevOpsの起源

DevOpsという言葉は、2009年にO'Reilly（オライリー）主催のイベント「Velocity 2009」において、当時Flickr（米Yahoo!が運営するオンライン写真共有サービス）に所属していたジョン・アレスポー（John Allspaw）氏とポール・ハモンド（Paul Hammond）氏が発表したプレゼンテーションで初めて登場しました。

このプレゼンテーションの骨子は次のような内容でした。

> 開発も運用もその最終的な目標は共通であり、「ITを使用するユーザーに、迅速に的確な価値を届けること」です。これを実現するには、自動化ツールやバージョン管理ツール、情報共有ツールなどのツール活用と同時に、開発と運用が互いを尊敬し合い、オープンで協力し合うカルチャーを形成することも大切です。

これを読むと、「開発チームと運用チームがコラボレーション」することが大切だとするDevOpsの考え方が理解できると思います。

このプレゼンテーション以後、このような考え方や活動がDevOpsと呼ばれるようになり、多くの企業や組織の実践を通してベストプラクティスが集められ、体系化されるようになりました。

● CALMS

DevOpsを進めるうえでは、5つの重要な要素があるとされています。この5つをまとめて「CALMS」と呼びます。CALMSは、次の5つの頭文字を取ったものです。

○Culture（文化）
○Automation（自動化）
○Lean（リーン）
○Measure（測定）
○Sharing（共有）

前述の「リーン」がここにも入っていますが、お客様に価値を届けることを第一義に考えることで、開発も運用も一つになって協働することを目指しているわけです。

また、DevOpsは、アジャイルの考え方が開発だけでなく運用へも広がったものとも言えます。

アジャイルは、お客様に価値を迅速かつ適応的に提供することを目指していました。しかし、せっかく迅速に開発しても、それが運用されなければお客様に価値は届きません。

したがって、運用まで含めて迅速にすること、そしてお客様からの意見のフィードバックを受けることにより、継続的に改善することができ、適用的な価値の提供ができる、と言えるのです。

▶まとめ

ここまで見てきたように、ITIL 4では、最新のベストプラクティスを取り込み、進化を遂げています。

ただし、「顧客に価値を提供し続ける」という概念は変わりません。環境の変化に適用しつつ、お客様のニーズに対応し続けるITSMが、今後も求められるのです。

おわりに

この本を書こうと思った最初のきっかけは、親戚のおじさんの一言でした。

私は日本クイントという会社で、ITサービスマネジメントやITガバナンスのコンサルティング、研修などを行っています。
あるとき、おじさんに「何の仕事をしているのか」と聞かれ、自分の仕事内容を一生懸命説明したのですが、いまいちよくわからないようでした。

でも、おじさんがポロッと言ったのです。「うーん…。難しいことはよくわからないけれど、働いている人達を幸せにする仕事みたいだなぁ」と。

そうだ、私はそれをしていたのだ。それをこの平易さで伝えなければいけない、と気づかされた瞬間でした。

一般的に、ITILの研修では、「サービスとは何か」といった基本的な概念から始まり、「インシデント管理」などのITILの本に書かれている内容（用語やプロセス、測定項目など）を学習します。しかし、このようなフレームワーク（枠組み）やメソドロジー（方法論）を学ぶと、「その通りにしなくてはいけない」「その通りにすればそれでよいのだ」という思考に陥りがちです。

つまり、「手段」が「目的」になってしまいがちなのです。

しかし、「何のためにするのか」という目的は自分（達）の中にあるものです。自分で考え、判断する。それに必要な手段があれば、活用する。普段の仕事の中で、私はITILの説明を通してこのことを伝えたいと考え、研修をしてきました。
　それをより多くの人に伝え、学習した人も後でふと読み返すことのできるものがあればと思い、この本の執筆を思い立ちました。

「サービス」は、まさにビジネスの根幹です。そして「マネジメント」は、組織が成長し続けるために必須です。
　ITSM（ITサービスマネジメント）の成功事例を集めたITILは、ビジネスのあり方と成長のための示唆に富んだ内容と言えます。

　さらに、これまで業務の効率化のために活用されていたITが、これからの時代はビジネスそのものの一部に組み込まれていきます。そういう意味でも、ITILはビジネスに必須のものとなるでしょう。

　この本を執筆しながら、私自身、日々の生活や仕事について思い当たることばかりで、反省しながらの執筆となりました。

　これまで成長を見守ってきてくれた家族、支えてくれている社員、様々な刺激と学びを与えてくださったこれまでに出会った全てのみなさま、そしてITILとマネジメントについて指導してくださった日本クイントの創業者である三浦重郎氏に、感謝の意を表します。

日本クイント株式会社
最上千佳子

著者プロフィール

最上千佳子（もがみ・ちかこ）

京都大学教育学部卒業。システムエンジニアとしてオープン系システムの提案、設計、構築、運用、利用者教育、社内教育など幅広く経験。顧客へのソリューション提供の中でITサービスマネジメントに目覚め、2008年ITサービスマネジメントやソーシング・ガバナンスなどの教育とコンサルティングを行うオランダQuint社（Quint Wellington Redwood）の日本法人である日本クイント株式会社へ入社。ITIL認定講師として多くの受講生・資格取得者を輩出。2012年3月、代表取締役に就任。ITSM、リーンIT、サービスインテグレーション、ソーシング・ガバナンス、DevOpsなど、ITをマネジメントという観点から強化し、ビジネスの成功に貢献するための人材育成と組織強化のコンサルティングに従事。定期的にITILの研修を行っており、受講者は累計1万人を超える。

装丁・デザイン　植竹 裕（UeDESIGN）
DTP　佐々木 大介
吉野 敦史（株式会社 アイズファクトリー）
大屋 有紀子

ITIL（アイティル）はじめの一歩
スッキリわかるITILの基本と業務改善のしくみ

2019年 3月11日 初版第1刷発行
2024年 8月 5日 初版第7刷発行

著者　最上 千佳子
発行人　佐々木 幹夫
発行所　株式会社 翔泳社（https://www.shoeisha.co.jp）
印刷・製本　日経印刷 株式会社

ISBN978-4-7981-5888-4　Printed in Japan